焦虑你好

抗　焦　虑　完　全　手　册

[美] 安珀・雷（Amber Rae）◎著
沈绍杰◎译

中信出版集团 | 北京

图书在版编目（CIP）数据

焦虑你好 / (美) 安珀 · 雷著；沈绍杰译. -- 北京：中信出版社，2019.8

书名原文：CHOOSE WONDER OVER WORRY

ISBN 978-7-5217-0717-5

Ⅰ.①焦… Ⅱ.①安… ②沈… Ⅲ.①焦虑－心理调节－通俗读物 Ⅳ.①B842.6-49

中国版本图书馆CIP数据核字（2019）第117433号

焦虑你好

著　　者：［美］安珀 · 雷
译　　者：沈绍杰
出版发行：中信出版集团股份有限公司
（北京市朝阳区惠新东街甲4号富盛大厦2座　邮编　100029）
承 印 者：中国电影出版社印刷厂

开　　本：880mm × 1230mm　1/32　　印　　张：6.5　　字　　数：120千字
版　　次：2019 年8月第 1 版　　印　　次：2019 年 8月第 1 次印刷
京权图字：01–2019–0224　　广告经营许可证：京朝工商广字第8087号
书　　号：ISBN 978–7–5217–0717–5
定　　价：45.00元

本书献给我的母亲，是她点燃了我的探索之心，

以及我的爱人法尔哈德，他是让我发光的燃料。

拥抱焦虑

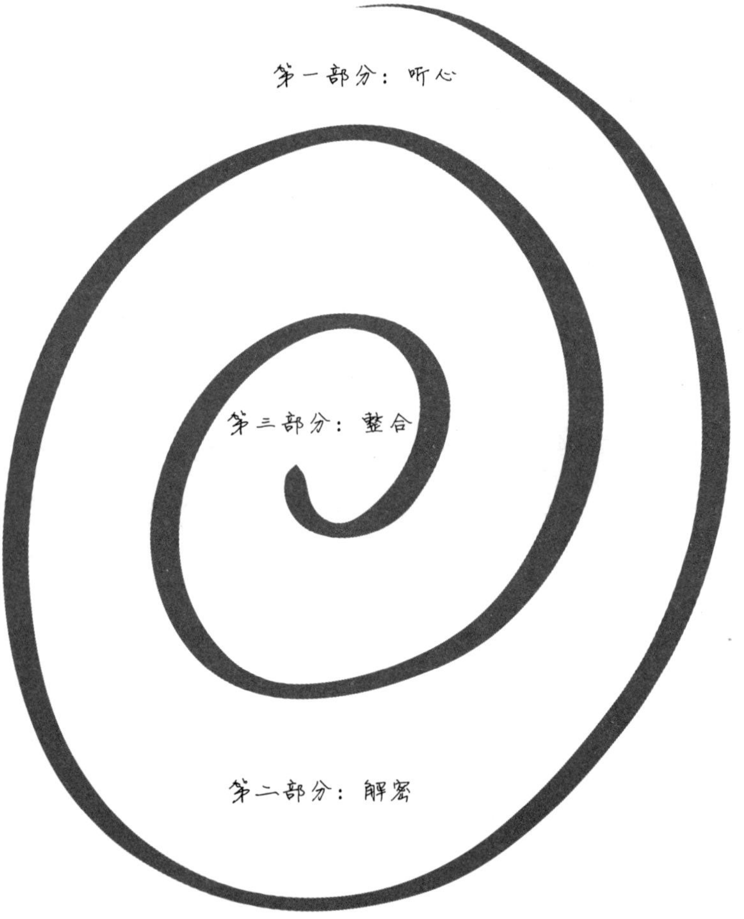

寻找真相之旅

目录

前　言　说说我的心里话 // V

引　言　千万不要将天赋带进坟墓 // VII
我成了自己最大的障碍 // XI
我要找到真正的自己 // XIV

第一部分　两种相反的声音

◎倾听“焦虑之声”和“质疑之声”// 003
◎区分有害的焦虑和有益的焦虑 // 006
◎“我不够好！”——真的吗？ // 009
◎选择质疑的艺术 // 012
◎勇敢之心、好奇心与慈悲之心 // 016

第二部分　焦虑的秘密

① **遇见“应该”——**
“我正在做我认为我‘应该’做的事，但我讨厌这样！”// 021
② **遇见“恐惧”——**
“我想 ______，但我担心我永远做不好……”// 031
③ **遇见“自我怀疑”——**
“我可以相信自己的感觉吗？” // 037
④ **遇见“拖延”——**
“我还没有准备好，所以我不能去做……” // 044
⑤ **遇见“该死的压力”——**
“我没有足够的时间。”// 051

⑥ 遇见“不确定性”——
“我不知道该怎么办，我很痛苦。”// 056
⑦ 遇见“嫉妒”——
“为什么我没有拥有如此美好的一切？”// 061
⑧ 遇见“比较”——
“我没有他好。我比不上他。”// 068
⑨ 遇见“寻求他人的肯定”——
“我要向所有人证明自己！”// 075
⑩ 遇见“羞耻”——
“我失败了。全是我的错，我太可耻了！”// 079
⑪ 遇见“不被爱”——
“我值得被爱吗？”// 088
⑫ 遇见“挫败”——
“他们一次又一次地拒绝了我！”// 095
⑬ 遇见“冒牌货综合征”——
“我有什么资格做这件事？我只是个冒牌货！”// 101
⑭ 遇见“躲藏”——
“我做不到！他们会怎么看我？”// 108
⑮ 遇见“评头品足”——
“我的天，快看看他什么样子！太丢人了！”// 112
⑯ 遇见“吃醋”——
“他会夺走我心爱的人吗？”// 116
⑰ 遇见“愤怒”——
“我真的很生气！”// 121
⑱ 遇见“吃苦”——
“伟大的创作只有通过苦难才能实现！”// 128

⑲ **遇见“逃避”——**

“我不能说出真实的想法，我需要假装一切都好。”// 133

⑳ **遇见“招架不住”——**

“我快被压垮了，我无法处理好所有的事！”// 140

㉑ **遇见“焦虑”——**

“未来无法预测，这让我惊恐发作，浑身发抖！”// 144

㉒ **遇见“沮丧”——**

“事情没有按照我的计划发展，真让人郁闷！”// 150

㉓ **遇见“上瘾”——**

“只有药物 / 酒精 / 上网 / 游戏……才能让我快乐。”// 155

㉔ **遇见“完美主义”——**

“我绝不能犯错，我一定要做到事事完美！”// 161

第三部分　整合

◎**遇见“智慧”**——

“我会接纳并且拥抱所有的情绪 .”// 171

◎**遇见“完整的自己”**——

“我回家了。”// 173

◎**现在，开始启程** // 176

结　束　结束是另一个开始 // 179

致谢 // 185

前言

说说我的心里话

作为作家、演说家和艺术家，在讲述我的真实故事时，我时常遇到这样的困难，并且也是写这本书时遇到的最大挑战——我的脑海中总有这个问题：“他们会怎么想我？”

其实我真正想问的问题是“如果他们因此拒绝我、抛弃我，怎么办？”

作为读者，我钟爱真实、脆弱又刻骨铭心的故事。让我产生共鸣的故事通常便是作者最真实的人生经历，其中饱含故事发生的细节。而我所说的“细节”，不是关于“啊，我多么伟大，多么成功”，而是关于“我如何痛失所有，但最终站了起来”。因为在他们对自己的真实叙述中，我可以更清晰地看到自己。

在这本书中，我坚持了同样的态度：坦诚而又真实地写出我的故事，即使细节分享让我有些畏惧，但在你们面前，我没有任何隐瞒。我希望通过我的文字，你不仅能了解到我，还能看到真实的自己。

这种没有一丝遮掩、把自己完整呈现在读者面前的叙事方式，让我惧怕、兴奋、羞愧又愉悦。它唤起了我对“被拒绝”根深蒂固的恐惧和担心：我害怕自己不值得读者的爱与联结。但这本书，用尽了我内心所有的力气，它指引着我，让我追寻生活中的奇迹，摒弃烦恼和忧虑。

每当我要说一些太过冒犯、尖锐或真实的话时，我内心的“好女孩”和“老好人”就大声提醒我：“你千万不能这么说！他们可能会批判你。你可能会让人失望的。”在撰写这本书的过程中，我曾多次质疑我自己和我的写作能力，以及我“该不该”说这个故事。那时，我想到了两个选择：

（1）写一本“安全的书”，风平浪静，不引起任何争议；

（2）写一本“真实的书”，可能会暴露我的真实生活和想法，引发一些波澜。

~~舒适~~

真相

我想达到的生活状态，是坦诚的，而不是风平浪静的舒适。我意识到我只有一个选择：呈现最真实的自己。

我希望你在读这本书时，同样感到这样生活是有必要的。

让我们开始吧！

爱你的

安珀·雷

引言

千万不要将天赋带进坟墓

一天，我在外婆家的厨房里，电话突然响了。“是你爸爸，”她说着，转向我并把听筒递给了我，“不要告诉妈妈。”她悄悄说道。

那年我 3 岁。

“嗨，爸爸。”我说。“嗨，宝贝。”他回答道，“我很想你。爸爸知道在你身边的时间一向不多，而且现在我要离开你一段时间了。但我希望你知道，不管发生什么，爸爸永远都爱你。”

虽然我当时只有 3 岁，但那个画面就像照片一样印在我的脑海中。我只要一闭上眼睛，一切都历历在目。我还记得自己当时站在厨房的那个位置，我稚嫩的手指缠绕着电话线，以及当外婆说“不要告诉妈妈”时，她看着我的表情。

我当时感觉有些不对劲。

我的爸爸是一名出色的歌手、词曲作者、音乐家和商人。他也是“梦想家”（Dreamer）乐队的主唱，还会演奏好几种乐器。他常常给贫困的人捐款。当他和妈妈第一次约会时，妈妈穿着全白的衣服，差一点被绊倒，摔入一个小泥潭中，但就在她快摔倒时，爸爸猛扑过来接住了她，这也给妈妈留下了完美的第一印象。从这以后，妈妈，以及之后他们遇到的所有人，都认为他们是天造地设的一对。他们在一起的那些日子，爸爸的眼里只有妈妈。

但爸爸总会无故消失。他曾经是一个受虐待的孩子，也常常滥用药物。他唯一解除痛苦的方式是麻痹自己。可卡因、摇滚乐、酗酒、出轨，能想到的可怕的事爸爸都做了，还有一次他喝得大醉闯进家里，把我从婴儿床上带走，驾车行驶到了 80 英里[①]外的地方，直到妈妈追上他。他绝对不是什么“模范父亲”。

就在我们通话的几周后，他犯了更严重的错误。

在参加了一个单身派对之后，爸爸可能是喝醉了，或服用了某种毒品药物，在开车的时候已经神志不清了。当车开到高速公路上的时候，他睡着了，接着和一辆卡车追了尾。当时坐在副驾驶的爸爸的朋友，那个第二天就要结婚的准新郎，当场身亡。我爸爸没有系安全带，他被冲力甩到了车的后座。之后，他再也没有完全地清醒过来。

接下来的一年，他是在昏迷中度过的。再以后的八年，爸爸由于大脑的严重后遗症，一直待在康复中心里。妈妈为了保护我，也为了不影响爸爸在我心中的形象，一直与他保持着距离。三年级的一天，在学校郊游时，我们参观了一所医院，我问道：“爸爸住在这里吗？”我想见见那个让我来到这个世界的男人，想知道他会怎样握着我的手、怎样看着我。我想在他有生之年还能与他见面。我当时 9 岁，妈妈同意了让我见他。

当我走进康复中心，来到他所在的病房时，我几乎认不出爸爸的样子了——他的整张脸都肿着，嘴里连着呼吸机，手臂上方吊着一瓶血，周围还有一些器械记录着他的生命体征。我让自己平静下来，定

---

① 1 英里 =1609.344 米。——编者注

睛看到了墙壁上挂着我从小到大的照片，我鼻子一酸，眼泪就涌了上来。

接下来的几小时，我问了他很多问题，他却答不上来。他笑的样子很可爱，我也笑了，那一刻我很快乐，这就是我一直想要的父爱。当我该离开的时候，我捏了捏他的手，希望爸爸一切都好。我不知道我还能不能再见到他。

从那以后的每一天，我一想起爸爸就为他祈祷平安。我祈求他的痛苦可以早日结束，祈求他的人生有崭新的开始。在父亲节的前几天，也是外婆的生日那天，我得到噩耗，爸爸去世了。我依然记得那天的情形：我梳着马尾，腿交叉坐着，在一个白色有花朵的本子上写着字。我记得这一切。因为那一刻，我感受到了前所未有的解脱感。他的痛苦已经持续了太久，现在他终于可以安息了。

然而，让我真正感到痛惜的，是他那被浪费的才华、创意和天赋。年幼的我无法用语言表达这种痛惜，如今回忆起来，我终于可以把当时的心情叙述出来：我想知道，如果他有勇气面对自己的脆弱，努力战胜心中的恶魔，尽力了解痛苦的来源，他的一生将会有怎样的成就。我想知道，如果他的人生有这样的反转，他又会有怎样的经历，在商业上会获得怎样的辉煌；并且，在这个过程中，他又会如何重新认识自己。他有如此巨大的潜力，却在追逐梦想的路上迷失了。

我想到了一句话，它可能来自我的直觉，或内心更深处的地方，抑或是从奥普拉·温弗瑞（美国最具影响力的脱口秀主持人）那里听来的：千万不要将天赋带进坟墓。

现在我要对你们说同样一句话——

千万不要将你的天赋带进坟墓。

请不要像大多数人那样后悔地说："我本该做某件事，却没有去做。"澳大利亚的护士布兰妮·威尔照顾了无数绝症病人，许多人在临终前提到自己人生最大的遗憾时都说，"我本该顺从内心，过自己想要的人生，而不是过别人眼中的人生"。直到他们生命的最后，许多人甚至没有完成人生一半的理想。相反，他们将未施展的天赋带进了坟墓。

即使创意公司的创始人兼首席执行官托德·亨利在《努力就是为了不苟且地活着》一书中说过，世上最宝贵的土地不是曼哈顿，不是中东的油田，也不是南非的金矿，而是墓地。"在墓地里埋葬着所有没来得及写的小说，尚未建立的企业，没有和解的关系，和人们想到却没有做的事，他们心想'明天再去做吧'。然而，并不是每一个今天都拥有明天。"

当我回忆起父亲车祸的那天，我闭上眼睛，想象父亲酒驾时，在他脑子里闪过明天将完成的长长的清单：

明天，我会少喝一点儿；

明天，我会做出更负责任的决定；

明天，我会亲眼看到好朋友结婚；

明天，我会打电话给我的宝贝女儿；

明天，我会和孩子的妈妈和解；

明天，我终于可以录制我的专辑；

明天，我会……

但他心中的“明天”从未到来。

我不想重蹈父亲的覆辙。在我的青少年时期，我记得我时常有这样的想法。我不想像父亲那样，这意味着，我不想把我的天赋带进坟墓。只有现在，作为一个成年人，我终于知道了我是父亲留给世界的礼物，而他的意外则是他留给我的“礼物”。[①]

他的不幸逝世让我意识到生命的脆弱，也让我意识到，生命的每一刻都是上天的馈赠。这让我好奇，究竟充实地过好每一天代表着什么？因此，我走上了一条探寻的道路——寻求一个核心问题的答案：我们该如何活出丰富的人生？我们又可以给这个世界带来什么？

我成了自己最大的障碍

我差点儿就放弃了写这本书的机会。

我整天忙忙碌碌，帮助其他人宣传他们的书籍，建立他们的事业，发起全球性的艺术运动，忙着和优秀的男人坠入情网，忙着在世界各地举行个人探索活动，与支持我的观众分享每日激励我的事，在演讲台上谈论人们内心最渴望的创作。在这个过程中，我认识到，我一直都在躲避自己最渴望的创作：这本书。

我深知内心深处有一个声音，我想说出真相，但我成了自己最大的障碍。

当万籁俱寂，我开始好奇地探寻内心的声音时，我找到了那个阻

① “天赋”和“礼物”的英文都是“gift”。——编者注

止我创作、啃噬我灵魂、让我动弹不得的声音。我意识到，在我的潜意识里有一个声音，它就在我的耳边，无所不在，极具说服力；它还悄悄潜入了我的梦境和现实世界。

那个声音说："你做不好这件事。"

坦白说，这不仅是一个声音，而且是对我的才华和自我价值的强烈批评和质疑。

我听到这样的声音：

> "你以为你是谁？"
>
> "你知道这件事有多少人已经做过了？"
>
> "有人会在乎你说什么吗？"
>
> "如果人们批判你怎么办？"
>
> "如果你被拒绝，一败涂地怎么办？"
>
> "如果你厌倦了怎么办？（你总是会厌倦的。）"
>
> "快看，他们做得比你好。"
>
> "你的故事没人关心。"
>
> "你真的准备好了吗？"
>
> "你的经验够吗？"

当然，还有这个："做这件事，你身材够好吗？你够聪明吗？你有才华吗？"（嗯，这个声音太讨厌了。）

多年来，我被这些声音左右。我内心批判的声音主宰了我的人生，让我无法动笔写这本书。几年过去了，写书的进展甚微。每年的生日和新年许愿时，我都会说："今年我必须写出我灵魂深处渴望创作的那本书。"

我把计划告诉我的朋友，我把它写到了便利贴上，贴在了镜子上。每天早晨，我都会积极、肯定地告诉自己一定可以完成。我的谷歌文档中又多了一个名为"那本书！！！"的文件夹，我又开始写作了。

可是，几周过后，我总会被其他事情分心，一些"重要的事"会成为我的任务重心。渐渐地，我最大的梦想又一次破灭。

"为什么我坚持不下来？"我羞愧地问自己，"为什么我不能完成那件对我来说最重要的事？"

当看到朋友们纷纷出了新书时，我十分羡慕。当然，我也为他们感到高兴。但当看到别人完成了我内心深处蠢蠢欲动的梦想时，我的心隐隐作痛。

这是一个明确的信号："你渴望写作！你的嫉妒是你拥有潜力的信号！现在就是最好的时机，去做吧！"兴奋的感觉又一次冲上头脑，但在我被拒绝或否定时，热情又会褪去。

或许你的内心深处也有这样一件让你特别在乎的事？

你有一本想写的书吗？

你有想做出的改变吗？

你有一个想创办的公司吗？

你有一个等待被发掘的自己吗？

你有一个无法停止的想法吗？

你有一段想要深入发展的关系吗？

如果你和我一样，内心有什么想要表达，想创造某种生活，但总是无法开始，那么我理解你的困扰和痛苦，因为我也曾和你一样。

这就是我为你写这本书的原因。

我要找到真正的自己

每个孩子来到这个世界都带着对周遭的无限好奇。然而，渐渐地，好奇心在成长过程中逐渐被焦虑所取代。

我努力去做每一件该做的事，却变成了别人眼中我应该成为的样子。直到有一天，我意识到了内心无法填补的缺失。

为了重新拾起我的好奇心，找回内心那个曾经有创造力、现在却渐行渐远的孩子，我把生活变成了一个实验室。我想在世界给我贴上标签之前，找到真正的自己。

于是我开始大量阅读自我探索类的书籍。我和许多专家会面，从他们身上学到了很多，其中包括心理学家、治疗师、艺术家、神经科学家、企业家、作家、占星师、神秘主义者和各类领袖。我在这本书里提到了他们中的很多人。每一天，我都会向最亲密的朋友——我的日记倾诉。我屏蔽了内心否定的声音，与真实的声音获得联系。我开始疯狂地探索好奇心和各种想法，寻找真实的自己。

在这个过程中，我的发现远远超乎了我的想象，尤其是当我不再理会脑子里否定的声音时。当我学会用质疑的眼睛审视每一个时刻、每一场挑战，和那些脑子中臆想的无聊故事时，我的想象力被点燃了。过去的不可能变成了可能，我看到了每一天的精彩与魔力。我一层层剥去了疑惑，找到了生命最深处的本质。

每一个时刻都在为我的探寻之旅提供线索和洞见，而如今，它们为同样在探寻路上的你带来了这本书。这本书一部分是掌握能力的课程，一部分是我的回忆录，一部分是导引，它将带你找到你最活跃和最真实的自我。

我猜，你读这本书是因为你希望发现并且表达自己吧！而我写这本书，就是希望能引导你到这一步。我希望向你展示，当你选择质疑时，会发生什么。

抗焦虑日记

答案已经在你的心中。你会在整本书里都找到这样的“指引”，它让你找到内心的感知力和内心深处真实的声音。从这个问题开始吧：你和焦虑的关系是什么？和质疑的关系呢？

第一部分

两种相反的声音

◎倾听“焦虑之声”和“质疑之声”

在我们的脑海里，时常有一个令人讨厌的小声音，它是破坏者、审查员和挥之不去的评论家；它是一连串尖刻的言论，而这些言论往往伪装在“真理”的外衣下，我把它称为“焦虑之声”。

“焦虑之声”说：

“你居然想做这件事，你以为你是谁？”

“你不会真的那么说，对吧？”

“你不够好，不是你！永远不是！”

“看看其他人，他们都比你强！”

“你太烂了，太烂太烂！”

你懂我的意思吧！

我花了很长时间才意识到，“焦虑之声”并不是真相，事实上，它和真相截然不同。但是，当我们相信了这个声音，我们便离真相越来越远，这个声音也让我们无法靠近或表达真相。

当我不再倾听“焦虑之声”时，我了解到了这个声音的本质：它是一道闸门。它是我们大脑中的一项“自动装置”，阻止我们去做冒险或远离舒适区的事（就是那些精彩的事、有意义的事、有价值的事，和能让生活发生翻天覆地的变化的事）。我常常觉得，发生在我身上的故事既冗长又无聊，因为我的心里总有一个声音在对我说：“你毫无价值，不够完美，你该为自己感到羞耻，你应该成为别人眼中‘特定的样子’。”而在这个噪声背后，我发现了另一个声音——一个善良的、富有同情心的、敢于质疑的声音。它知道真相是什么，它希望我变得更好、被瞩目，它亦希望我追随内心的渴望。这个声音就是“质疑之声”。

“质疑之声”知道我们的实力，它鼓励我们一步步追寻梦想，屏蔽这个世界的其他声音。“质疑之声”让我们认清什么是脑子中假想出来的、让我们变得无力和自我怀疑的事，什么才是能真正让我们产生共鸣的事。

当“焦虑之声”说：“你居然想做这件事，你以为你是谁？”时，“质疑之声”马上跳出来说：“除了你，还有谁能做好这件事呢？”

当“焦虑之声”充斥你的大脑，它大声宣布：“你不会真的那么说，对吧？”“质疑之声”则会清楚地告诉你：“你该表达你真实的想法。”不论过去还是将来，你永远都要坦诚地表达自己。问问自己这个问题：你所说的是你真实的想法吗？

当“焦虑”持续使你产生自我怀疑，让你恐惧和坐立不安时，“质疑”便会说：“嘿，自我否定，我看到你了！嘿，恐惧，我看到你了！嘿，焦虑，我也看到你了！我理解你们是想让我待在安全区，我尊重你们的做法。但是，我正在参与一场重要的冒险，不允许你们来替我导航！”

“焦虑”和“质疑”是两种相反的声音，它们一直存在。一个阻止你成为更好的自己、尽自己的能力付出；而另一个则推进你成为真实的自己。每一天，我们都可以选择究竟听哪种声音——是“焦虑”还是“质疑”？

你选择聆听哪个声音？

每当我向大家提出这个问题时，大家都会回应：“我们选择‘质疑’的声音。”

而事实上，倾听“焦虑之声”和“质疑之声”一样重要。为什么？因为并不是所有的焦虑都具有破坏性。

◎区分有害的焦虑和有益的焦虑

去年，当我就“焦虑和质疑”做了一场演讲后，一位女士在台下找到我，对我说：“我的父亲总告诉我，我焦虑的事90%都不会发生。我说，那是因为我为此担忧，因此提前想到了解决方法。”

我们俩都笑了。

这其中有一个重要的观点：并非所有的焦虑都有破坏性，焦虑也有益处。

“焦虑之声”有两种表达方式：有害的焦虑和有益的焦虑。

有害的焦虑是循环的负面思想，它让你停滞不前，阻止你的行动。有害的焦虑就是对过去的耿耿于怀和对未来的惴惴不安。斯坦福大学的神经外科医生詹姆斯·多蒂说，我们有80%的时间都花在了“有害的焦虑”上。

有益的焦虑是一种远见，它会让你预见挫折和挑战，做出计划，并采取行动。只有当焦虑在可控范围内，并赋予我们行动的力量时，它才是有益的。当焦虑的声音响起时，我们可以问自己这两个问题：

（1）我担心的事真的可能发生吗?

（2）我可以采取有效的行动吗?

当所担心的事发生的可能性比较小，并且没有有效的解决方式时，我们知道，大脑中的一种神经学家称之为“危险系统”的神经即将被触发。由于生物进化，焦虑和恐惧作为一种保护我们的安全机制，已经与我们共存了几百万年。在某种程度上，我们需要它。没有安全机制，你的祖先早就已经被剑齿虎吃掉了；没有安全机制，你会从危险的悬崖上跳下来，只是想试试能不能顺利着陆；没有安全机制，当你的潜在生意伙伴给你一种“我和你做生意，就是要利用你，骗你的钱”的感觉时，你还会毫不犹豫地和他合作；没有安全机制，你会和一个对你说“我不想对我们的关系做出承诺”的人在一起。

正如我上面举的例子，焦虑会帮助我们避开对生存造成实际威胁的事物。但当我们追寻真正有意义的目标时，完成目标的欲望往往伴随着某种程度的未知和不确定性，我们的大脑会给它打上“危险”的标签。当焦虑发出信号，提示你回到安全区时，我们便倾向于放弃，避免经历不熟悉的事，寻求熟悉感，把梦想生生地推开。当这种情况发生时，当焦虑的声音阻碍我们接近梦想时，当它成为我们做自己的阻碍时，当它让我们无法贡献自己的力量时，这个声音就是噪声。它是存在于我们脑海里的火山，如果不加以监视，它便随时可能爆发，毁了我们的生活。

有害的焦虑是我们无法实现潜能、无法完成任务的元凶。这就是作家无法写作、设计师无法设计、创新者没有好想法、领导者无法管理的原因；这就是尽管我们想要改变生活，却依然高枕无忧地待在舒适区的原因；这就是我们屈服于前人给我们的平庸指示，并且待在一个让我们疲惫不堪、心生愤懑和筋疲力尽的制度里的原因；这就是那些我们脑子中挥之不去的好想法、想要实施的新规则、想过的生活，却因为恐惧和自我怀疑而一直无法实现的原因。

我们常常“费尽心机”去避开那些自己真正渴望的目标，史蒂文·帕里斯菲尔德在他的书《艺术之战》（*The War of Art*）中称之为“抵抗”。“我们中的大部分人都有两种生活，”他说道，“我们当下的生活，和我们内心渴望却无法达到的生活。这两种生活之间存在着‘抵抗’。”

其中有一段话我很欣赏，也让我大开眼界。帕里斯菲尔德在书里说：“你知道吗？希特勒当年想要成为一个艺术家。18 岁的时候，他继承了 700 克朗的财产，靠着这笔钱，他搬到了维也纳生活和学习。他先申请了美术学院，后来又去了建筑学院。但你见过任何一幅他的画作吗？我也没看到过。‘抵抗’战胜了他。或许我有些夸大其词了，但我可以这么说：对希特勒来说，发起第二次世界大战比在空白的帆布前画画要来得容易。”

不去面对自己——和内心负面的声音——这才是无法实现伟大理想的原因。所以，当我们知道焦虑的声音一直在批评、否定我们，让我们无法呼吸时，为什么不去倾听质疑的声音呢？为什么不去相信好奇心、同情心和爱的声音？为什么不去追求我们最想要的东西呢？

◎“我不够好！”——真的吗？

在我们未完成的项目、未实现的梦想和无法直面的真相背后，有一个让我们始终痛苦不堪的缘由。我亲眼看见它杀死了我的父亲，也亲身经历了它如何扼杀了我的才华。这些年来，我眼睁睁看着它带走了那些曾经与我共事的成千上万人的创意、才华和潜力。

这个缘由就是：我不够好。

我不够聪明。

我不够有才华。

我不够漂亮。

我不够强大。

我不够坚强。

我不够苗条。

我不够讨人喜欢。

我不够完美。

我的时间不够。

我的钱不够。

我不够好。

这些话听着耳熟吗？

抗焦虑日记

你是否对上面提到的“缘由”产生了共鸣？把它们圈出来，并加上你自己的理由。接着，在你的日记里，写出一件你曾经因为自己“不够好”而没有完成的事，以及一个你战胜了这个声音的经历。

“我不够好”，这个理由曾经让我苦苦挣扎。我曾以为，全世界只有我一个人被这种恐惧所支配，但我错了。

对“我不够好”的执念，是每一个创意工作者、企业家、领导者和任何一个正在或即将经历成长的人的痛苦来源。我曾经和一些创意工作者们合作，这些人在他们过去的经历中曾遭受虐待或一贫如洗，因此他们心中一直有对“被遗弃”的恐惧，并时常被“我不够好”的想法所困扰。而我曾经为一些富翁提供咨询服务，他们的账户里有几亿美元，但即使富有，他们却依然认为自己没有时间和金钱去实现梦想。我也曾经帮助过许多企业家，他们的童年充满爱与鼓励，但他们努力的动力依然来自“我不够好”的声音。

尽管每个人的生长环境、经历、文化背景和价值观不同，普遍的观念却都是相同的：我不够好。

爱与他人相比较、自我麻痹、完美主义、无力感和羞耻感的根源都是我们认为自己“不够好”。这种想法来自于家庭、文化、社会和宗教信仰的多年累积，已经根深蒂固。它来自于我们的父母、我们所在的社区和文化、我们每天看到的媒体新闻、我们过去和当下的经历。我们在“不够好”的声音里浸泡着，它成了我们心里反复出现的忧虑声，影响着我们的思考、感知和行动。它定义了我们是谁，以及能做出怎样的成就。

当“我不够好”这个声音响起时，我们便开始通过它的有色眼镜看待真相，于是我们看到的世界都是有色差的。

在我们来到这个世界之前，“我不够好”的魔咒就已经存在；而在我们离开之后，这个魔咒也会一直持续下去。从始至终，我们都有权利选择遵从或是反抗它。我们可以相信它，让它主宰我们的人生；我们也可以质疑它，做自己的主人，谱写自我成长的人生故事。

我的朋友，就让我们选择质疑！

◎选择质疑的艺术

我最喜欢的诗人IN-Q曾说：“当我们相信某件事，我们总能找到证据证明它。”

信念和故事对我们有很深刻的影响。当一件事发生时，我们会从中学到一些人生哲理，这会影响我们的感受，以及对自己的认识。它有时让我们更勇敢，有时则让我们停滞不前。我们每天感受到的恐惧、焦虑和压力，大部分都是由我们自己选择和创造的理解方式所造成的。

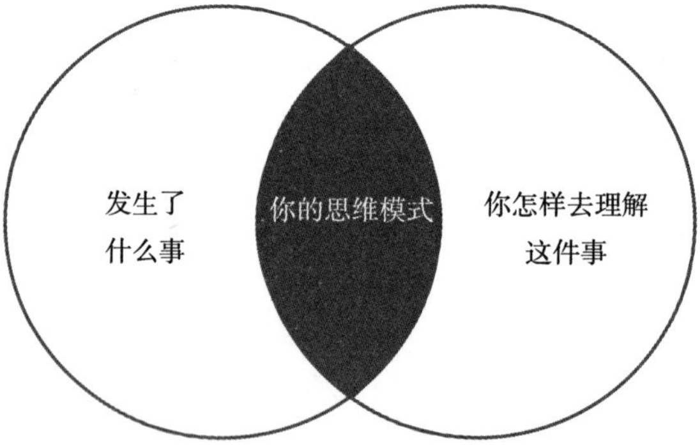

当我回顾自己的过去，那些我感到无法与我的天赋联结的时日，我发现我都被“我不够好”的声音所主宰了。我吃阿德拉药片[①]让自己更有活力，因为我觉得“这样就能换来男人的爱”；我唯唯诺诺，不敢行动，因为我告诉自己“我不配在这里”；我不去写我该写的书，因为有个导师曾经说“你的经历没什么好看的”——脑海中的消极声音主宰着我，让我无法成为最好的自己。作家和导师拜伦·凯蒂说过：“当我相信内心那个否定的声音，我便感到痛苦；而当我不去相信它时，我的痛苦就消失了。这对每个人都是如此，自由就是这么简单。”

抗焦虑日记

想想内心深处那个不断出现的让你窒息的焦虑的声音，然后，试试拜伦·凯蒂在她的书《一念之转》中提倡的自我提问的方法：

1. 这是真的吗？（如果不是，请转到 3）
2. 你确信它是真的吗？
3. 你如何回应，当你相信了这个想法，会发生什么？
4. 如果没有这个想法，你会成为什么样的人？

要想克服负面的思维模式对我们的消极影响，我们应该直面它，

① 阿德拉（Adderlla），是一种帮助多动症患者保持镇定的处方药，但是被很多考生用作兴奋剂，以刺激大脑保持注意力，增强短期记忆力。——编者注

从而战胜它，而不是避开它。先要注意到，是这些负面的思维模式让我们痛苦，然后问自己：（1）这些思维模式来自哪里？（2）它说明了我们成长中有什么问题？这就是“选择质疑”的艺术。

在我第一次感受到内心深处的自卑和羞愧后，又过了相当长的时间，我终于意识到，这些不适的感受并不是我的敌人。我曾试图战胜它们，摆脱它们，让它们彻底消失。我把不愉快的感受锁进了一个盒子里，这里装着我曾经破碎的心、不愿直面的忧伤、关于十年前那场感情背叛的记忆，我给盒子打上一个蝴蝶结，把它置于衣柜最顶端够不到的位置。我想，只要看不到，我的痛苦也会随之消失。但多年后，我意识到，痛苦不但没有消失，反而更加强烈了。

我想让自己拥有更积极的态度，珍惜每一个当下，看到事物美好的一面，当我向这个方向努力的时候，我竟然拥有了全新的发现：我看到了曾经错过的机遇，那些机遇本该帮助我成长，让我更具智慧，我看到了我曾以为漆黑一片的世界里的光明。当我直面内心的挣扎时，我的世界便越来越清晰。

只有当我学会直面内心的痛苦，倾听它的声音，我才能感受到更深层的爱、善良和快乐。我发现，问题的根源并不是我的感受，而是我看待这些感受的方式。

在畅销回忆录作家谢丽尔 · 史翠德的工作坊里，她分享道，“我们内心都藏着一些不那么友善的声音，我们必须找到和它们共处的方式，而不是与它们绝交”。她喜欢一边品红酒一边与这些声音交流。我也喜欢想象自己拿着一杯黑皮诺，虽然内心有些焦虑，但当我转动酒杯，抿上一口，身体前倾着说道：“嘿，我就在这里，你想对我说什么？”时，我便发出了邀请，我的行为让原本可怕的“敌人”卸下了面具，我获得了了解这个声音的机会。

问题的根源并不是我们的感受，而是我们看待它的方式。

抗焦虑日记

想一想你内心深处让你产生压力的声音。在你的日记里写下：“嘿，那个________的声音，我就在这里等你，你想告诉我什么？”

这正是我们将在下一个章节探索的内容——关于焦虑的秘密。当我们转向内心深处的消极思想：恐惧、羞愧、嫉妒、冒牌货综合征、与人比较和完美主义时，我们就与快乐、美丽、魔力、灵动、爱和奇迹更近了。当我们将外表层层剥离，与真相联结时，我们便被三个“C”所指引：勇敢之心（Courage）、好奇心（Curiosity）和慈悲之心（Compassion）。我把它们比作“质疑”的好朋友。

◎勇敢之心、好奇心与慈悲之心

1. 勇敢之心。勇敢之心能让你离开舒适区。勇敢之心与不适的感受不是对立的，它往往与不适的感受并行，它让我们直面焦虑，找到真正的自己。勇敢之心说："这太混乱了，太可怕了！我不想走这条路！但我还是会走下去！因为只有这样，我才能发现自己。"

2. 好奇心。好奇心是一门艺术，它能让我们关注到自己的感受，触发我们的内心，点燃我们的情绪，我们的身体会因为紧张而僵硬——怎么有些不对劲？然后我们开始思考，究竟这些感受与信念或想法的联系是什么。好奇心说："当你有某种感受时，你在想什么？你怎么看这件事？是什么让你产生了这样的感觉？你的思维模式从何而来？"

3. 慈悲之心。研究让我们无法呼吸的感受，一开始你会有些不安。这时候，你对自己的慈悲之心便是重中之重了。慈悲之心说："你是一个人，你被爱着。不管怎样，我都会在这里帮助你。"我们都在根据自己的意识水平努力地活着。慈悲之心提醒我们，要培养对自己和他人的同理心，因为每个人的内心都会产生自卑、羞愧、内疚、怨恨和痛苦的情绪。

在勇敢之心、好奇心和慈悲之心的帮助下，我们有机会更深入地了解自己。它们就像一扇窗，透过其便能更完整地看到自己。

第二部分

焦虑的秘密

①遇见“应该”——
“我正在做我认为我‘应该’做的事，但我讨厌这样！”

每次做演讲，我都会遇到一些男人和女人，尽管背景和经历大相径庭，他们都会问同样的问题：

> 我觉得生活中总有很多无奈。我现在做的事情，是我不想做却“应该”去做的。其实我的现状还过得去，这份工作也能为我获得一些福利，但事实上，如果我坦诚地扪心自问，我会发现自己被困住了，动弹不得，恐惧不堪。我害怕会伤害或惹怒别人，这让我更加迷茫。我该怎么做，安珀？

在我的人生中，我也一直受到这个问题的烦扰，我曾经拥有看似完美的生活——我的工作很好，工作环境舒适，我也很满意。但我知道，这并不是我真正想做的工作。

我做的工作本身没有问题。在工作中，我会接触到许多优秀的人，他们值得我尊重和珍惜。我也在和一些“很有声望”的品牌合作，这样的工作会激励我、挑战我，让我充满活力。大家和我说，我很“幸运”，我正走在通向“伟大的成功”的路上。虽然我不够热爱这份工作，但我也算喜欢。只是每当我平静坦然地面对自己时，我会听到内心深处有一个清晰的声音——它比其他声音都要响亮，它试图说服我追求自己真正想要的生活。这个声音说：

这不是你的人生，这是其他人的人生。你要做出改变，现在就行动起来吧。

行动吧。即使这种想法太可怕了，你害怕会让别人失望，你无法想象接下来会发生什么。

行动吧。即使现在你获得了声望和成功，你的虚荣心得到了满足，你也不知道自己究竟是谁。

行动吧。因为你内心的渴望，比以前经历的任何一种渴望都要强烈。

行动吧。因为这是你真正的、发自内心的、全心全意的渴望。

行动吧！

在长达 9 个月的时间里，每天早晨，我都会听到这个声音。

“去纽约，”我的心小声说道，“去吧。”我不知道我为什么非去纽约不可，但在那时，我的心在召唤着我。在纽约的钢筋丛林里，藏着无数已经被实现的梦想，它代表着自由，它的大街上弥漫着热情的文化和勃勃的野心。我闭上眼睛就能看到我置身于纽约街头，头发在风中飘扬，每一处景色和每一个声音都让我激动万分。一想到去纽约，我的心就被点燃了。

但唯一的问题是，我在旧金山有一屋子的家具、一辆车、一份科技公司的工作；在朋友和导师的眼里，我的未来充满了光明。直到那时，我依然认为我的未来就是他们所想的那样，也是我应该想要的样子。但实际上，我感到很内疚和惭愧，因为那并不是我想要的。

一个全新的“我”正在浮现，我想真正地认识“她”——她酷爱创意写作、阅读心理学和哲学书籍；她喝着黑皮诺，对自我探索充满兴趣。她渴望爱也渴望被爱。她迎难而上，只是为了看到自己在挑战中会有怎样的表现。而当她选择别人眼中该有的生活时，真正的她却渐行渐远了。

我实在厌倦了拼搏、拼搏、再拼搏，实现、实现、再实现的循环。也厌倦了跟随那些不知疲乏、拼命燃烧自己的“成功人士”的步伐。

“努力究竟是为了什么？”我想知道。

当我试图向导师解释“我正过着其他人的生活”的感受时，他看着我，茫然不解。当我就搬到纽约的想法寻求周围人的建议时，他们提醒我目前的职业发展轨迹，以及我应该“知足常乐”。似乎每个人都对我应该如何生活有自己的看法。

我花了好几个月的时间，从大家七嘴八舌的想法中分析出我该怎么做。总的来说，我的想法是“世界上最糟糕的想法”。而向人们解释“我想在人生中做出翻天覆地的改变”，只因为自己“感觉对了”，让我感到尴尬而不安——因为几乎每一个我问过的人，都认为我“只因为感觉对了，就做出如此重大的决定”是缺乏认真思考的。

大家都认为，我的想法是不合乎常理的，太冲动了，太不负责了！我还太年轻，不该对人生和职业做出这么大的改变。我太不成熟了，我“生活在自己的世界里”。我太自私。

“自私”——一个很有分量的负面评价，通常用来形容只关注自己，只为满足自己的需求而努力的人。人们往往用“自私”形容那些人——他们做了我们不敢做或永远没有勇气做的事：

活出最真实的自我，追逐你内心最渴望的目标。

当你追逐内心渴望的事物时，你并不一定会得到鼓励、尊重和喝彩。因为一切都是未知的、神秘的、反传统的。而伴随未知感的，往往是失败的风险。所以，我们把自己关起来，把梦想的盖子盖起来，把渴望埋在心底。这样，我们便可以努力成为“应该成为”的自己，而不是真正的自己。

我非常艰难地认识到我无法伪装我的生活。多年的饮食失调、滥用阿德拉药片、空洞的成就，毫不费力让我变成了别人希望我成为的样子。我一次次去做不想做的事，我克制着自己，让自己不至于失去控制，不至于失去理智，而这样的压抑也在助长怨恨、焦虑、愤怒和悲伤的负面情绪。因为当我这么做的时候，当我试图活成别人眼中的海市蜃楼时，我便是在扼杀自己。即使速度缓慢，我也知道我正在一步步滑向毁灭的边缘。

就在我不知是听从内心还是世俗意见的时候，我遇到了一个名叫阿米特·库马尔的人。

我和他的相遇实属偶然。那是我第一次去纽约，当我们喝着红酒，愉快地聊天时，我突然灵感来袭。在一群朋友的鼓励下，我拿起一只记号笔，在刚刚认识不久的朋友麦克家的厕所里写下了一首诗，诗的内容是向纽约市表白我的爱。他被这件令厕所蓬荜生辉的“艺术品”逗乐了，并且拍了一张照片，发到了网上。

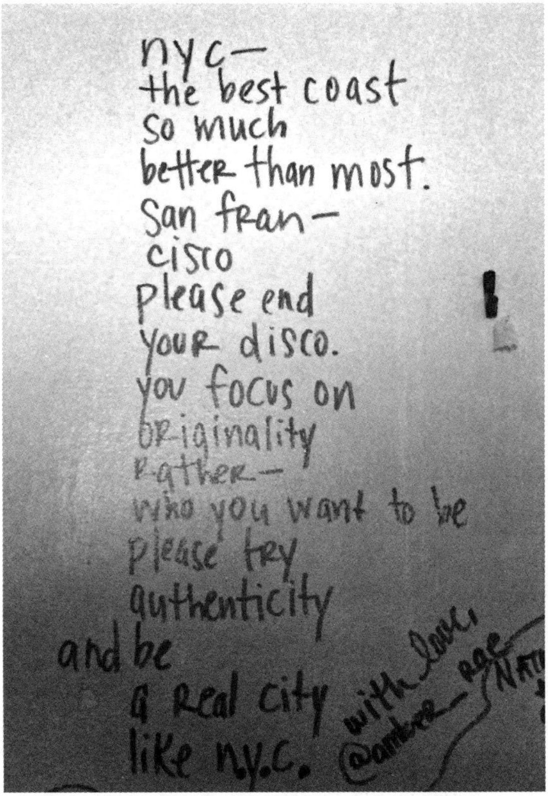

纽约
最美的海岸
你的美
比哪里都耐看
旧金山
别再
踌躇满志
你只在乎创新
而本该在乎个性
请试一试
活出你的本质
变得
像纽约一样
真实的城市

爱你的
@amber_Rae（作者的推特账号）

“为什么这个女孩这么不喜欢旧金山？”阿米特在下面评论道。“她不是不喜欢旧金山，”麦克回复，“她只是更喜欢纽约。你为什么不让她看到旧金山的奇迹呢？”

一周后，当我回到旧金山，我和阿米特坐下来聊了聊。起先，我以为他会是另一个劝我回到舒适区的人。

“为什么要去纽约？”他问我。接下来，奇迹发生了。我滔滔不绝地把我的渴望、我的向往、我与生俱来的好奇心一股脑地倒了出来。阿米特静静听着，咧嘴笑着点头，然后，他说了一句让我出乎意料的话：

“去纽约吧。明天或后天就走。行动吧。”

我惊呆了。我永远不会忘记那一幕，因为当他把这句话说出口时，我意识到，我不仅终于遇到了一个鼓励我大胆追求内心渴望的人，更重要的是，在那个时刻，我对做出改变的恐惧比以往任何时候都要强烈。

“可是……我有一辆车，还有一屋子的家具。”我说。

“卖了它们。”

“我还有工作。”

“辞掉。”

“但我的银行卡里只有 1000 元了。”

“这就让你的故事更精彩了。”

我再也找不到不去纽约的借口，因为我对“可能发生的事”产生的好奇，超过了内心“这是一个糟糕的决定”的声音。于是，我订了机票，写了辞职信，发布了出售车和家具的广告。我鼓起勇气，不再想那些可能发生的糟糕的事。

正如作家艾丽·卢娜所说：“‘我们应该做的事’是其他人给我们贴的标签。”“应该”仅存在于黑白对错分明的世界里。当我们用“应该”这个词时，其实就是在说：“我们只有一个选择——这条路是对的，其他的路都是错的。”这时我们应该想想“可以”，当我们说“可以”时，我们其实在说：“是的，你可以选这条路，也可以选另一条路。你想选哪条？”

冥冥之中，我总觉得你的内心早就懂得你无法拷贝其他人的生活，你只能做自己。你无法一直伪装在别人的生活里，你不能一辈子都过不属于自己的生活，你不能一直都选择别人口中“你应该过的生活”。

如果你早就有梦想，或是一直在探索你想探索的事，现在，想象我正与你四目相对，就像阿米特看着我的眼睛一样，我会对你说：“我看到了你的渴望，我完全明白你的想法。现在就行动吧。”

行动吧。即使这种想法太可怕了，你害怕会让别人失望，你无法想象接下来会发生什么。

行动吧。因为你内心的渴望，比之前遇到的任何一种渴望都要强烈。

行动吧。因为这是你真正的、发自内心的、全心全意的渴望。

计划外的事可能会发生，事情可能会按照你无法想象的境遇推进，但这就是选择的意义。

如果你把每一次挑战都视为馈赠，我向你保证：你的经历会让你的性格更坚强，让你更有勇气，让你更具韧性。那些“应该过别人眼中的生活”的念头会被摧毁，你会得到重生。曾经的你总说：“天哪，我做了什么！”而如今，你则会说：“哈！我能做到！”每一次试炼和磨难，都在提升你新的能力。

唯一的问题是：你什么时候开始行动？如果你知道这样的选择可以帮助你找到真实的自己，你会推迟行动吗？还是立刻开始？

你的旅程现在就开始，行动吧。

抗焦虑日记

心理学家盖伊·汉德瑞克给我分享了一个小贴士：当你想知道“我应该留下还是走”时，想一想未来可能发生的事，然后问自己：“未来的我会希望我现在离开还是留下？”关注你身体和内心的真实回应。你觉得自己如释重负还是更加紧张？让你如释重负的才是正确的路。

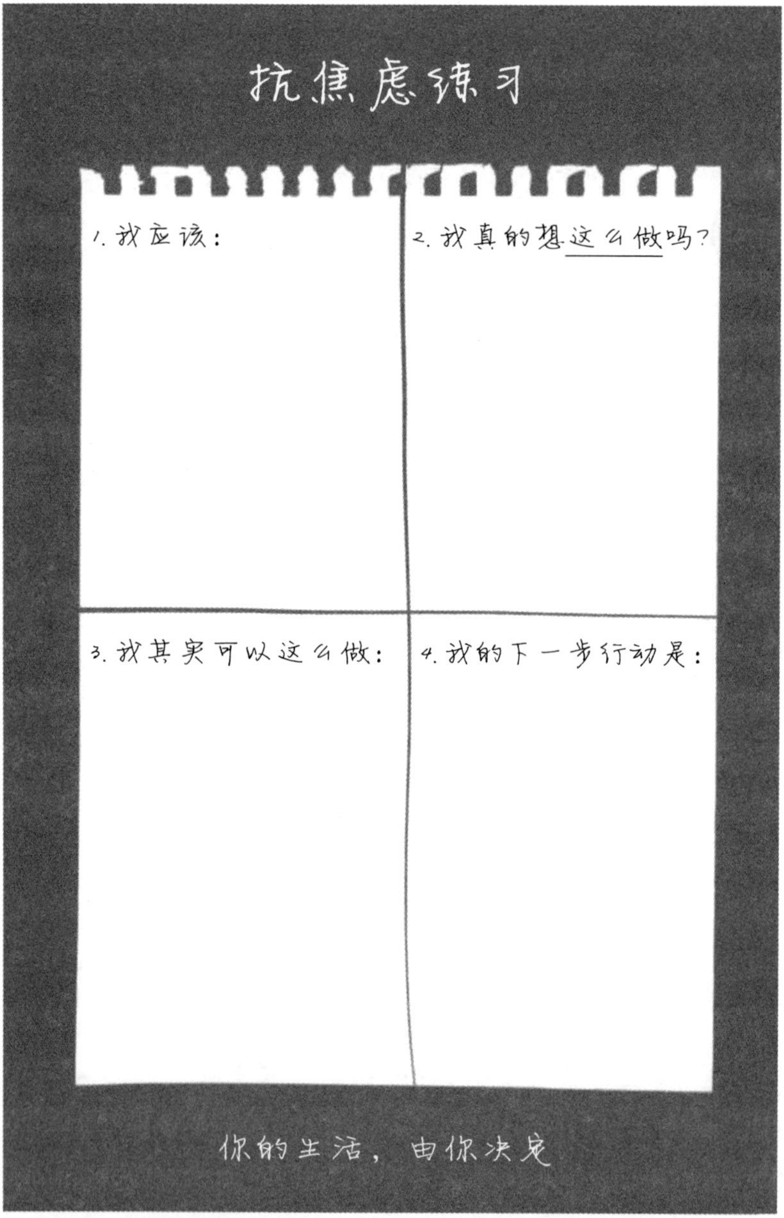
抗焦虑练习
1. 我应该：
2. 我真的想这么做吗？
3. 我其实可以这么做：
4. 我的下一步行动是：
你的生活，由你决定

②遇见“恐惧”——
“我想____，但我担心我永远做不好……”

毋庸置疑，每个人都渴望追随自己的内心，在好奇心的指引下生活，坦诚地面对自己。大部分向我提问的人，询问的都是与之相关的问题。然而，他们中的一些人，做着“一眼就能看到头的工作”，但他们仍想找寻人生的意义。即使是行业精英，他们也“觉得自己是沽名钓誉”。有些人虽然已经在实现梦想的路上了，但缺乏信心和动力。一些人因为情感破裂或项目失败而感到挫败，他们确信从此与爱或归属感绝缘，永远无法建立起人与人之间的联结。即使每个人的背景不同，他们提出的问题却很雷同：“我想____，但我担心我永远做不好……”

我想……

追随我内心的召唤。

感受真实且长久的爱。

体验最完美的性爱。

游历世界。

为我的孩子创造更好的生活。

大胆表达自己的观点。

创造财富。

认识自己。

创业。

拥有好身材。

不遮掩自己的性向。

活在当下。

如此种种，我想你明白我的意思。

接着他们会问，如何通过刻意练习让自己战胜恐惧，从而追寻内心真实的渴望。

我了解这有多困难。当我追逐内心的渴望时，我几乎可以感受到恐惧在我的血管中流动。但你千万别把它当成消极的信号，我也是花了很多时间才明白这个道理的。恐惧并不是我的敌人，我们不需要去克服它。人类已经与恐惧共处了几百万年，它是我们自我保护的安全机制。恐惧的目的并不是要抵消我们的感知力或改变行动的方向，而是教会我们包容它，学会如何与恐惧共处。我们应该把恐惧视为一种提醒，提醒我们还活着。

因此，当你因为恐惧而动弹不得时，请记住：

（1）它意味着这件事对你很重要。

（2）你即将成长，变得更加强大。

根据经验：你内心中的渴望越强烈，你便越容易向目标靠近。如果你待在舒适区里，总是信心满满，就不会行动，也不会成长，你也不会为创造更理想的生活而努力。

网上有一幅非常有名的示意图，由杰西卡·哈吉绘制，你可能早就看过了。在这张图中，她表达了“奇迹发生在舒适区之外”的观点。我太喜欢杰西卡的作品了，这是我自己的版本：

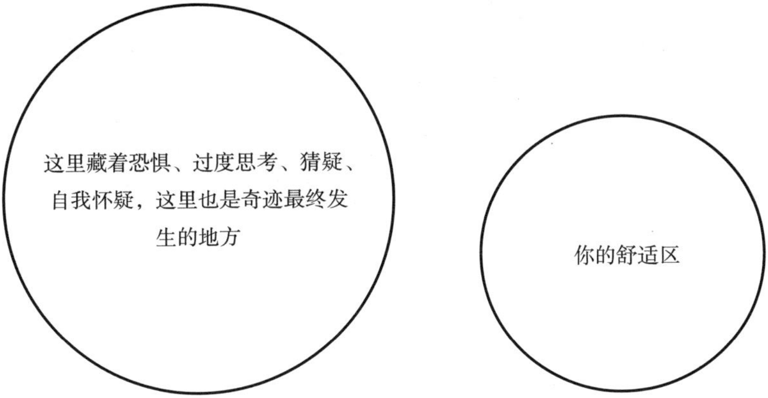

当我踏出舒适区，并没有感受到“奇迹”，至少一开始没有。反而，我感受到了一团混乱、不舒服，甚至恐慌。我的头脑中满是焦虑引起的杂音，我的内心在尖叫：让我回到舒适区吧！那时的我充满了对自己的怀疑，我过度思考，不舒服的感觉就像利器一样刺在心上，我想立刻逃离。这就是为什么当我开始创业后，我还一刻不停地找新的工作。这也是为什么，我所收到的负面的回应使我不断推迟这本书的进度。这更是为什么我无法对爱情做出承诺——我很害怕。

当我第一次踏出舒适区时，我内心是这么想的：

这条路分明就是错的。这不应该是“奇迹发生的地方”吗？我应该感受到强烈的满足感和快乐。所有的机遇都应该统统向我涌来啊！

哈！

最终我意识到，我内心大声呼喊着的“危险”和伴随而来的焦虑，都是我离开舒适区的明确信号。但选择的关键并不在于逃避不适、让恐惧和沉默消失，而是去感受、去观察，并且和内心的不适一起成长。这才是奇迹发生的地方。当你彻底接受并承认你的情绪，而不是试图逃避的时候，便是奇迹发生的时候。当你感觉被蒙上了眼睛，在黑暗中迷失，感到对前方的路好奇时，奇迹就出现了。再往前走几步吧，再走几步吧！

当我们带着恐惧继续前行，不再逃避它的时候，奇迹便发生了。我们开始探索前所未有的机遇，即使每一步都充满不确定性，让我们惴惴不安，但我们逐渐掌握了解决问题的方法，跟随心中的愿景一步步前行，而梦想也一步步变为了现实。这不就是行动的目的吗——让我们表达真实的自我，贡献我们的能量。

听着，我可不是女巫，也没有女巫的魔法。我不知道你的目标最终是否可以实现。我也不知道你是否真的可能找到真爱，或找到了真爱后，能不能天长地久。我无法预测当你追求内心的梦想时，前方的路会是怎样，我也不清楚成功是否会给你带来翻天覆地的变化。当你离开你曾经熟悉的路线，走一条不寻常的路时，是否真的能获得满足感，发展你所渴望的关系？当你倾听内心的渴望时，会发生什么？真的会改变吗？我对这一切一无所知。

但我可以告诉你的是：**你值得更好的生活，追求梦想是值得的**。因为人生的目的是跟随内心的召唤，是追求你的渴望，是尽量深和广地体验生活，是提出牵动你心的问题。让追逐梦想成为你人生的价值。

所以，每当你做出行动，去经历那些新鲜、有趣又有意义的事时——也是你内心充满恐慌，脑海中焦虑的声音不断跳出来说："我想____，但我担心我永远做不好"时，我请求你扪心自问一个更有意义的问题，一个把你带到真相面前的问题，一个让你回到内心深处"想得到却担心一辈子都得不到"的问题，一个在你问题清单上唯一重要的问题，这个问题就是：如果结果成功或失败都不重要，你会追求什么？

事实上，这就是你应该追求的目标。无论结果如何，你都会全身心地付出和投入，即使它永远不会带来巨大的成功，不会给你带来全世界的掌声，无法用你希望的方式证明你的价值，在追逐这个目标时，甚至还伴随着拒绝、失败和失误的可能性（当然失误也会给你带来更多学习和成长的机会）。追求它唯一的结果只是为你内心带来快乐。

当你不再去想结果会是成功还是失败，不再在乎得失时，这就是你真正坦诚面对自己的时候。这时，内心的真实声音便会浮现，而这个声音只有你才能听到。这就是你选择"质疑"的时候。

抗焦虑练习

如果结果成功或失败都不重要，我会：

绘制你的规划图

③遇见“自我怀疑”——
“我可以相信自己的感觉吗？”

每当我开始思考这个问题：“我可以相信自己吗？”心理学家盖·亨德里克斯的一句我钟爱的名言便浮现在脑海中。他说，我们自我相信的过程可能是“羽毛轻抚”，也可能是“大锤重击”，还说“这完全取决你的心态：如果你顽固又封闭，便会受到大锤的重击；如果你开放又好奇，便会得到羽毛的轻抚”。

选择相信自己的方式之一是你要意识到，如果你不懂得倾听自己的内心，大锤就会把你的生活硬生生地凿开个口子。

我有个朋友，戴安娜，在一连好几个月的时间里，她每天都会在凌晨4点从恐慌中醒来。她的内心总有同一个声音：“你需要离开！”她住在这个城市里的一间公寓里，但她总觉得自己不属于这里。她想离开，却对自己的直觉充满怀疑。

想要逃离，却不知道逃到哪里去。她反复听到这个声音：“你需要离开！”

但她还是留下了。她死死地守着一成不变的生活。不仅如此，当她住的公寓楼开始对外出售时，她毅然地决定要把这间公寓买下来。她准备了购房的申请书，还给出了比要价高很多的价格，这样就能保证她一定能买到。接下来，她果然买到了这间公寓。

当质检部门来检查房屋时，发生了一连串诡异的事。先是质检工人说简直无法相信这座建筑居然没塌，然后地产经理告诉她房子的价格远远低于她的报价，再后来，来了一些人在公寓楼的一侧挂上了大幅标语，提醒大家这座楼是危楼，他们担心它会随时倒塌。而后，它的确倒塌了。当建筑团队来修缮时，墙壁突然倒了，然后整座楼都崩塌了，她所有的东西都灰飞烟灭。她花了这么多心力购买的公寓突然就消失了。

这就是你没有倾听内心的声音的结果，这就是你没有坦诚面对自己的结果。当然，类似的事也一次又一次地发生在我身上。

在我刚开始创业，帮助客户做出人生改变的时候，业务进展比我想象中要顺利。我帮助了一位男性白领离开了快节奏的金融业，从此他不再因为职业而隐瞒自己的性取向。我帮助了一位女性创业者获得了，她因此从事了自己喜欢的职业，开办了自己的公司。我帮助一位作家开始了写作生涯，她把过去的痛苦和创伤都写进了她的文章里，最终她从咨询行业跳了出来，成了一名自由作家。

当我接触到的客户越来越多时，我亲眼看见了他们的变化，我对我的事业越来越有自信。同时，我的收入也增加了，我感受到了工作的意义。通过口耳相传，我有机会接到数以百计的客户。这感觉就像“质疑之心”终于把我带到了一条真实和适合我的路上。

而接下来，由于事情进展过于顺利，我害怕了。焦虑的我开始找一连串借口，试图回到自己的舒适区里，这种感觉太糟糕了。我开始担心我的客户量无法持续增长，我担心我赚不到足够的钱维持我的生活，我担心现在的成功只是侥幸，而我只是一个“冒牌货”。这种自我强加的消极感受，盖·亨德里克斯称之为“最高极限”（upper limiting）——当事情进展得过于顺利，当爱向我们涌来，当我们被成功包围，或顺利建立我们希望的关系时，“最高极限”就开始制造出可能出错的痛苦想象。这是一种自然策略，是大脑让我们回到自己更熟悉的地方，让我们有一种控制感。当我们没有意识到自己正走向最高极限时，这种模式会让我们做出摧毁性的决策，让我们感受痛苦，让我们停滞不前。

走了很多弯路，我才认识到了这一点。

正在我经历自我怀疑时，一位拥有几亿美元资金的年轻企业家向我抛出了橄榄枝，他提出了一个赚钱的好机会。尽管这并不是我的兴趣所在，但我还是把自己的业务搁置到了一边，接受了他的邀请。我的内心呼喊着：“请不要这么做！”但我屏蔽了它。我对自己说：“这件事会给你安全感和稳定感，这是一个负责的决定。”

一开始，它确实满足了我的需求，它为我提供了经济支持，让我生活舒适，这正是我当时所需要的。但当我把精力投入到这份让灵魂窒息的工作时，它也逐渐让我走向了自我毁灭的深渊。为了“让自己放松放松”，我开始酗酒、暴饮暴食，以此消解不满和绝望。我不再做我喜欢的事，也不再和我爱的人或我尊重和信任的人促膝长谈了。

一天晚上，我和年轻的企业家——我当时的老板一起去了一家高级餐厅吃晚餐，而那天，正是我的自我摧毁达到最高点的时候。我们喝了很多酒，之后我和他上了床。从晚餐到性爱，从工作到生活，一切都显得高级但不真诚，这种状态持续了好几个月。我在 3 个月里体重增加了 30 磅[①]，我的胸口出现了大面积的皮疹。当有朋友关心地问我“一切都好吗”时，我却把他们拒之门外；而当我的老板和我说，我“除了两点”，其余都“符合他挑选妻子的标准”时，我依然和他保持着亲密的关系，尽管我们永远不可能有正常的关系。

一天早晨，在维持了三个月的不正常关系之后，我的状态达到了低谷，我突然感觉心脏即将要跳出胸口。那天我本应该去和我的团队开会的，但我却蜷缩在卧室的地板上动弹不得。我的心跳加速，泪流满面，脑子闪现出我本该做却没有做的事，我像一只无头苍蝇，我的生活毫无价值，人生毫无意义，脑子一片混沌：为什么我做了那么多错误的选择？我的视线一片模糊，全身都在颤抖，我觉得我快死了，我以为自己犯了心脏病，我以为这就是我人生的尽头，而我为自己的境遇感到愤怒。我放声尖叫，挣扎着、抽泣着，内心的愤怒、痛苦、厌恶和羞耻如喷泉一般迸发。

而当压抑了太久的情绪一下子爆发时，我的身体终于投降了。我的手、脚和头一下子松懈下来，我瘫在了地板上发不出一丝声音。恐慌让我安静了，接着我的头脑突然清醒了，内心有一个声音呼喊着：**“你必须始终顺从你的内心！”**

这就是倾听内心的力量。这就是大锤重击，把你的心敲开的感觉。就在那一刻，我学到了，我必须倾听自己，相信自己。

或许你也曾屏蔽过内心的声音。当恐惧、怀疑让你无法思考时，

---

① 1 磅约等于 0.454 千克。——编者注

当你被焦虑左右时，你说了不想说的话，做了不该做的事，你知道这一切都是错误的。

是什么让你选择不去倾听内心的声音？

你从什么时候开始，学会了违背内心去做一些事呢？走上自我毁灭之路的诱因究竟是什么？

你从中学会了什么？

下一次，你希望做出怎样的改变？

抗焦虑日记

想一想你曾经违背自己的内心所做的事。当时发生了什么？你为什么选择违背自己的内心？你从中学到了什么？

在我辞去了那个毁灭灵魂的工作后，我开始问自己这些问题。我开始思考内心最真实的声音是什么，我希望未来走一条怎样的路，这个思考的过程让我变得越来越强大，也成为让我重新开始的动力。选择质疑，而不是一味防御，让我看到了正确的方向。

我终止了和老板的亲密关系，我也不再选择让我的灵魂付出代价的工作，我不再用酒精和暴饮暴食麻痹我的痛苦。当“安全感”、“稳定感”和“责任感”的字眼开始左右我的生活时，我意识到了它们出现的时机以及背后的原因。我之所以会把“安全感”、“稳定感”和“责任感”的字眼放在人生的重心，是因为这是“我应该做的”，而不是“我真正想做的”。我开始学习追随内心的声音，做出适合自己的决定。我开始学会信任自己。这并不是空穴来风的事，而是经过了反复的失败和尝试。在那次生活把我压得动弹不得，我躺在地板上浑身僵硬之后，我终于学会了顺应内心，我的心已经无法接受任何不真诚。我对内心的那个我鞠躬，并说道：“**我将永远听从你的指引**。”

下一次，当你问自己：“我可以相信自己吗？”的时候，我恳请你问另一个问题。一个由质疑之心驱动的问题。如果你相信自己，你就知道这个答案。剩下的唯一问题是：**这个时刻，你的内心想要的是什么？你会对内心的渴望置之不理吗？**

但如果你思考的是“可是我不知道我内心渴望的是什么”，并且由此感到焦虑不安，那么我明白你的感受。我们都有过相同的感受。我的好朋友德鲁·普罗希特曾和我说：“你不知道并不意味着你困惑，只是意味着你不知道而已。让你困惑的是：虽然你不知道，但你仍渴望着什么。而你的‘渴望’才能让你改变。渴望是你焦虑和压力的源头。”

深呼吸，放松你的肩膀，不要再试图让自己保持清醒了。安静下来，让答案来找你。我向你保证：答案会来的。以前发生过，就可以再发生。你要相信，所有那些使你成为自己、点亮你的路、希望得到你注意的那些声音，都会再次被听见——只要你静下来，侧耳倾听。这一切都在你的内心，你只需要把它引导出来。

在一次旅行中，我遇到了一位叫科琳的作家。她当时正在努力完成一个大项目，她以项目的名义写了一封信给自己。这让她头脑更清晰，也让她找到了自信。这封信的内容是这样的：“亲爱的（你的名字），我是你的任务。你接下来该这么做……”你可以把“你的任务”改成“你的人生”、“你的一段感情”、“你的一次冲突”，或任何牵动内心的事物。

抗焦虑练习

写出三次因为倾听了内心的声音，让你学习和成长的经历：

1.

2.

3.

相信自己，就等于追随内心真实的渴望

④ 遇见“拖延”——
“我还没有准备好，所以我不能去做……”

焦虑是让你停滞不前的一种方式，是告诉你“我还没有准备好”。首先，你必须战胜这个想法，才能对内心的真实渴望做出承诺。

我曾经和一位比基尼设计师合作过，她在5年的时间里成功建立了自己的品牌，并得到了《时尚》杂志（*Vogue*）、《世界时装之苑》杂志（*Elle*）和明星名人的关注。但她创业的代价，却是放弃了她最想完成、却总觉得没有准备好的事——为儿童读物画插画。

另一位客户是一位有抱负的作家，他写的文章常常刷爆网络，但每次提到出书，他就沉默了。

当你说出“我还没准备好”时，你便搁置了自己真正想做的事，转而去做了那些看上去安全又可实现的事。

我在受邀做演讲的时候，对此感触尤其深。虽然我知道，演讲是我内心真正想做的事，但很多年来，每次一有机会，我就会逃避演讲。

不，我太忙了。

不，我现在没有时间写稿子背稿子。

不，我不能大老远飞过去在一群人面前丢脸。

我做不到。

每当我说“不，我太忙了”，我其实是在说，“不，因为我害怕”。

每次说“不”，我的内心都会有一个小声音恳求着我：“请说‘好’，请说‘好’，请说‘好’，就这一次！哪怕只是为了看看会发生什么，请试着接受一次好吗？”

我的好奇心刚好比恐惧多了一点点，我决定对下一次机会说“好”。当德鲁·普罗希特要去哥斯达黎加做演讲时，这个机会出现了。我当时并不知道，这个经历将为我的生活带来翻天覆地的变化。首先，我感受到了强烈的不安全感，过去我并不知道我是一个如此自卑的人，在答应了他之后，我的内心出现了强烈的抵触：

我为什么要答应这件事？我有什么可说的？我根本没有有趣的故事可以分享。我到了那里，只会让台下的人盯着我看，他们可能还会对我指手画脚。天哪，我的尴尬会被拍下来放到网上，会有更多人看到。我穿什么衣服好呢？如果我在视频里看上去很胖怎么办？太糟糕了！我在想什么，居然答应了这件事？

这样的内心独白持续了很久，连续几天，甚至几周，它在我的脑中挥之不去。当我拿出一张巨大的纸和记号笔，开始把想说的故事一点点记录下来的时候，“焦虑的声音”就会跳出来说：“你确定要这么说吗？你确定希望大家这么看你吗？他们对你指手画脚怎么办？你知道你的故事对别人来说一无是处吧？”不管我去哪里，这个声音总是萦绕在我心头，搅乱我的生活，让我心神不定。最终，我投降了，给主办方写了一封冗长的道歉邮件，解释我为什么无法参加这个活动。

我写信给好朋友劳拉，向她倾诉：我的焦虑正像龙卷风一样爆发，它把我的创意都卷走了。她说了一番让我难以忘怀的话，她不但提醒了我，也为我提供了一个新的视角。她说：**“你也加入到脑海中的风暴吧，和它成为一体，倾听它的声音，把它当作你的燃料。”**

于是我照做了。每当我焦虑和紧张时，我都把我的情绪当成信号，而不是敌人。就这样，我脑海中的故事越来越清晰：它让我实现潜力、挑战自我，让我成为众人目光的焦点。我获得了全新的视角，内心的风暴为我所用，我的发挥棒极了。

窗外的天空，满是大朵蓬松的乌云，黑压压地盖在头顶上方。我坐在观众席的第三排，在脑子里一遍遍地过着演讲稿。我把手搭在腿上，试图让自己看上去随意又冷静，但实际上，我的内心早已翻江倒海。当台上介绍到我时，我感觉一股风暴仿佛冲出了我的胸膛，将我紧紧包围，我的内心如同一场狂风暴雨来袭，我想马上逃离，但我的脑海中重复着“与风暴融为一体吧”，于是，我顺应了内心的风暴，借着它的力量，点燃了我心中的火焰，这把火越烧越旺，没有任何暴雨可以浇灭它。

我发挥到了极致。在演讲中，我谈到了我父亲的去世，我的失败，我如何追随内心的召唤，以及许多我以前不敢透露的事。当演讲结束时，观众的欢呼如暴雨一般。这场暴雨冲刷掉了我的犹豫和怀疑，我深深地意识到：**当你认为自己还没有准备好的时候，正是你完全准备好了的时候。**

抗焦虑日记

在生活中，有哪一个瞬间让你觉得自己准备好了？

你今天可以做出什么微小的改变？

当我们学会尊重并跟随自己的担心、恐惧、焦虑和怀疑，我们便能明白它们真正的意义：它们是告诉我们必须去做什么的信号。

在人生中的某些时候，无论你如何做计划和准备，你都无法预测接下来的路；你缺乏动力和必备的技能，你寸步难行。这时，唯一能让你突破极限，消除你的不安全感、怀疑和恐惧的只有：行动！是的，你的能力有限，你也会感到恐惧。这对每个人来说都一样，尤其是开启过去从未接触过的项目时。但你内心的不舒适感，往往代表了一件事：你太在乎它。

向你渴望的目标迈进，就像是一幅宏图的第一笔，一次冥想的第一分钟，或在写完那篇你一直拖延的文章后点击“发布”的那一刻。那一刻，你为自己设立了新规则，做出了决定，放弃了那段伤害你的感情，接受了新的挑战。那一刻，你终于不再找借口，不再抱怨自己能力不够、不该做这件事，或没有准备好。你更想看看，当你向目标迈进后，会有怎样的可能性。

“就让我们看看努力后会发生什么吧”，这是我的爱人法尔哈德的战斗口号。他关于童年的最早的记忆之一，就是逃离枪林弹雨和警报雷鸣的战场。当时正值伊朗和伊拉克战争期间，他的国家遭遇暴力和危险的袭击，于是全家选择了逃难。在法尔哈德 13 岁时，他已经经历了许多灾难：居住在叙利亚的难民之家，他母亲险些在一次事故中丧命，在成为合法公民之前，他不得不用非法方式移民到美国，他辗转搬了 9 次家，最终安顿在了加州的帕洛阿尔托。之后，他的母亲为富裕人家看孩子赚钱；法尔哈德白天在斯坦福大学贩卖食品，晚上就睡在一个由车库改造的叫“小皇宫”的地方。

法尔哈德并没有在自怜上浪费一丁点儿精力和时间，或拿自己的境遇和周围那些百万富翁的孩子相比较。但他内心真的没有对比吗？当然会有。他怀疑自己的价值了吗？肯定会有。他为自己的将来担心了吗？这一点毋庸置疑。他让自己的不安全感、焦虑和怀疑成为不努力的借口了吗？绝对没有！

他没有屈服于内心的恐惧，而是偷偷溜进斯坦福大学的教室，与学生和教授们交上了朋友。他发现了自己对创业、创新和保持积极向上的热爱。没有人手把手教他如何好好生活，如何利用他的天赋，如何规划他的人生，是他自己学会了接受自己的不安全感和不足，保持对未知的好奇，他为自己寻找到了足够的动力，无论障碍多大，他都能一一超越。

我相信你也可以做到。

几年前，我来到联合国，现场观摩著名主持人奥普拉的演讲。我坐在观众席的前排（我还不小心坐到了她的位子上，但我要说的不是这个故事），她对我们敞开心扉，分享了一个她在人生中的一个重大决定和它带来的影响。她的节目《奥普拉脱口秀》开播 25 年来一直保持全美收视冠军的地位，于是她决定把整个电视频道买下来，但随之而来的挑战却是她始料未及的。在重压之下，她常常感到心慌、六神无主，甚至几近崩溃，她把这种感受形容成“小人的思维”（即“有害的焦虑”），她无法安静下来，倾听内心的声音。当四周一片迷雾，看不清前方的道路时，她停止了脚步，问了自己一个问题：“下一步怎么走，才是正确的？”在抛出这个问题后，她开始用行动寻找答案，直到她一步步走出黑暗，云开雾散。

现在，我要问你同一个问题：

下一步怎么走，才是正确的？

是的，你可能会害怕。是的，你可能会感到疑虑、不安和恐惧。是的，你可能还没准备好。这种不确定性将一直伴随着你，提醒你有多在乎。

你一直要面对的是这个问题：“下一步怎么走，才是正确的？”

去行动吧。现在就去。当你认为自己还没有准备好的时候，正是你完全准备好的时候。

抗焦虑练习

即使我害怕，我也准备好要去做：

我的下一步是：

你永远也不会比现在“准备得更好”了。

⑤遇见“该死的压力”——“我没有足够的时间。”

人们常常和我说，最让他们头痛的一件事是他们实在太忙了，时间不够。实际上，“我没有足够的时间”只是一种错觉，一个谎言，一个我们想让自己去相信的故事。我们忙忙碌碌，让自己的日程和生活变得看似充足。我们从一件事忙到另一件事，忘记了享受当下。我们相信自己如果不停地忙碌、完成目标、获得更多的经历，我们就会更快乐、更健康、更富有、更有智慧、获得更多的爱。事实是，我们唯一的感受却是被该死的压力压得喘不过气来。

想象一下，假如你今晚要开启生命中最重要的旅程。你会离开一个月，而你只能带一件随身的行李箱。在这个行李箱里，装着你最喜欢的衣服和首饰，你需要的洗漱用品，一两本让你受启发的书，你的电脑和手机，以及其他你认为重要的东西。

如果你和我一样，除了一行李箱的东西以外，你还有一大堆东西想塞进去，但箱子已经满到拉链都拉不上了。于是，你又试了一下想带的衣服，确定它们会在旅途中为你带来快乐。你意识到，你其实不需要四条瑜伽裤。又或许，你像日本整理女王近藤麻理惠建议的那样，把衣服一件件拿起来，问自己："这件衣服真能让我快乐吗？"用这个方法，你将挑选出自己最喜欢的、最需要的衣服。

这个行李箱就是你的人生规划。每一次，当你想把太多东西塞进去的时候，拉链总是拉不上。行李箱怎么都不会让步，因为真的太满了。这就像我们每天的日程一样，这就是生活带给你的感觉。接着，我们便开始想，为什么我们的压力这么大？

当我听到人们说他们没有足够的时间时，我实际听到的是："我把我的生活填得满满当当，我不知道什么才是重要的。"

我当然知道这种感受。在我开始全身心投入到这本书的创作之前，我参加了美国小说家伊丽莎白·吉尔伯特和罗布·贝尔组织的工作坊。这个工作坊出现的时机很好，因为我的人生正在经历拼命把多余的东西塞进行李箱的时刻。我当时同时制作播客，创办期刊，在全世界做演讲，做些艺术装置，和一些品牌以及个人合作，还写些文章，但只有写文章是我真心想做的，它让我灵感满满。我被任务包围，去不同的地方，所有的项目都在向前推进。我忙到天旋地转，然而每一件事都只是在表层推进，没有一个项目达到了我想要的深度。

但在参加工作坊之前，我对这一切一无所知。我坐在那里，希望伊丽莎白能帮我找到全盘皆顾并且游刃有余的方法。正在这时，观众席里的一位女士问道："你如何能腾出时间做好每一件事？"

这正是我想问的！"我如何能为这一切腾出时间？！"我心想："快把你的秘诀传授给我吧，伊丽莎白！"

伊丽莎白分享了一个她如何艰难又努力地成为作家的经历。她曾经做了好几份工作，勉强维持生计，留给写作的时间和精力却所剩无几。当她和一位年长又有阅历的女士分享的时候，那位女士说道："为了得到你想要的生活，你愿意放弃什么？"

伊丽莎白说："嗯，我应该学会如何拒绝自己不想做的事。"

这位女士纠正她说："不，你要做的事比这难多了——你要学会拒绝自己想做的事，因为人生只有一次，你没有时间和精力把每一件事都做好。"

你要学会拒绝自己想做的事。

这句话在我的心中留下烙印，让我浑身颤抖。我完全同意这位女智者的建议，但我仍接受不了自己的不完美。

我努力说服自己是有可能把所有的事情都做好的，如果失败了，也一定是我自身的问题。但事实并不是这样——我把生活填得满满当当，我确实过得很不快乐，我不想再这么悲惨地生活下去了。我不想再同时做 17 件事，却没有专注地去做其中一件事。我想认认真真做好那件最重要的事。于是我回到家里，做了两个清单。

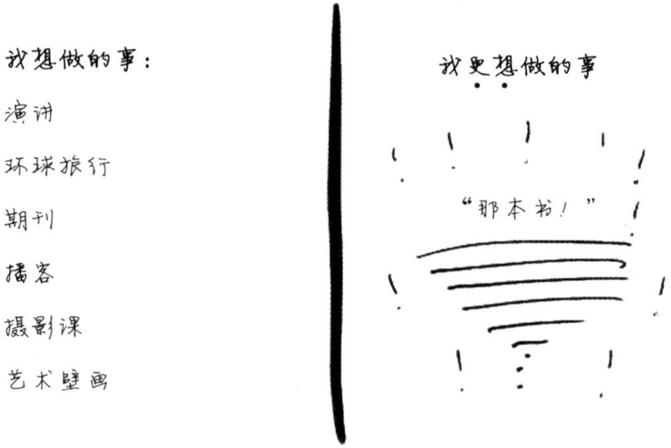

那时我才意识到，比起所有其他事情，我真正想实现的只有一件：让书店里出现我的书。

抗焦虑日记

你不知道自己真正想做的是什么吗？试着问问自己这些问题："我对什么感兴趣？有没有人正在做我喜欢的事？如何把生活中最大的挑战变成受益良多的尝试？"

于是我开始简化我的目标，并放弃了部分计划。我开始大刀阔斧地砍掉与这本书无关的项目和日程。我开始对我想做的事说"不"，比如周日的鸡尾酒，浏览脸书来放松，以及之前提到的所有不赚钱的项目。割舍这一切并不容易，实际上相当痛苦，但这也让我的身心得到了释放。

当你着手删除那些在你看来短期很重要、长期却不必要的活动、所做的承诺、让你忙碌和分心的事之后，你就不再是时间的奴隶。你不会再抱怨时间对你是否公平，你会开始自主地做出选择。选择自主地支配注意力和精力，选择你最关心的事，在众多任务中选择最重要的那一项，去完成它。当你这么做时，时间便开始为你服务，为你的目标服务。

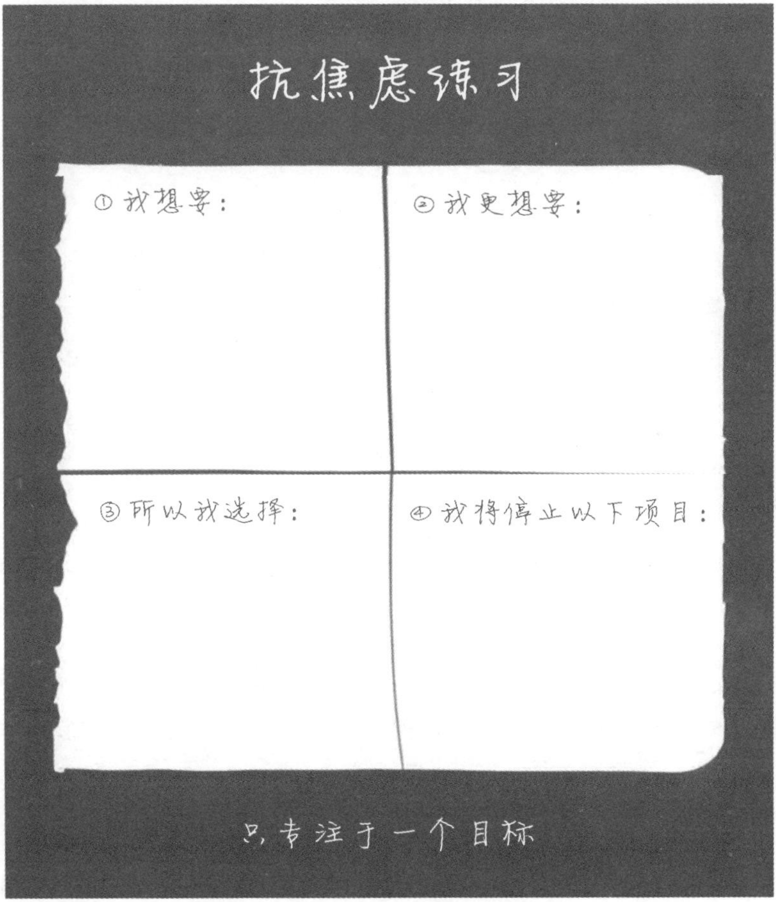

⑥遇见“不确定性”——
“我不知道该怎么办，我很痛苦。”

我时常听到这样的话：“我不确定，我很困惑。我被两个目标弄得晕头转向，我很痛苦。”

我想说一个很有代表性的故事，故事的男主人公我们就叫他威尔吧。威尔准备向女朋友求婚，因为她早就准备好了，而威尔也认为结婚是正确的选择。他的女朋友是一个超棒的女人，他也深深地爱着她。在女友一年里很多次的暗示之后，威尔买好了求婚戒指。他精心策划了订婚仪式，其中包括一次奢华的旅行，一家豪华的酒店，一瓶昂贵的香槟。当女友的杯子里倒满香槟时，威尔把手伸进了口袋，拿出戒指盒，他打算单膝下跪说出他想问的那个问题。但就在这时，话已到嘴边，他却怎么都说不出口。他突然停了下来，因为在那一刻，心里的感受告诉他，与这个完美的女人共度余生并不是他所渴望的。订婚是他该做的，而不是他想做的，这一切看上去都只是在取悦女友而已。

“她太好了，我爱她，但我无法说服自己娶她是正确的选择。我很痛苦。”他说。

“你确定你是真的痛苦吗？”我问道，“有没有可能，你和这个完美的女人在一起，你也很爱她，但你不想和她结婚？有没有可能，当我们谈论你现在不想和她结婚，或许永远都不想和她结婚时，这个对话比假装一切都好更让你感到恐惧？”

威尔承认，事实上他最担心的还是伤害女友。所以他跟她开启了一段艰难的对话。那次谈话之后，他们意识到并不只是他没有准备好，实际上，他的女友也没有。女友告诉他，她一直暗示他求婚只是想确定“你真的想和我在一起吗？你真的关心我吗？我们的感情发展得真的顺利吗？”他们分析了为什么要在一起之后，意识到两个人其实都不想再待在这段感情里，于是他们分手了。这样的结果对他们都好。

而在工作中，我也常常会遇到类似的困境。我曾和一群人坐下来聊天，他们来自全世界最有声望的创意孵化器，他们都在生活的某些方面感到自己“陷入了困境”。而我的角色是让他们敞开心扉，展现最脆弱的自己，让他们聊一聊更深层次的感受。我们坐成一个圈，从一个我发明的名为“质疑积木”的游戏中抽出问题。每一个积木下面都有一个我写的问题，比如“哪一刻，生活让你动弹不得？”、“你现在在逃避的是什么？”、“你的童年是什么样的？”以及“你的真实感受是怎样的？”

游戏进行到一半时，一半的人已经回答了问题，而我们找到的“陷入困境”的原因让他们都流泪了：

“我参与这个项目的唯一原因，是它可以增加我的威信，让我在其他人的眼里加分。”

“我还在努力让爸爸为我而感到自豪。”

“坦白说，这是另一种证明我足够优秀的方式。”

听到最后一个回答时，整个房间的人都沸腾了。

当这些人开始分享自己真正想追求的目标时，他们眼睛里的光便亮了起来——这是他们想创造的生活：无须努力取悦父母，也不再对达不到别人的期望而内疚。他们详细地描述了当他们放手追求他们心里值得追求的目标时，生活会是什么样子。大声而清晰的“质疑的声音”发挥了作用。但当他们一一列出让他们无法追求目标的理由时，他们眼里的光又黯淡了下去。

大家都一致认为：“我不知道该怎么办。我很痛苦。”

当我听到“我不知道该怎么办”，或“我很痛苦”时，无论缘由是那个你选择和你共度一生的人，还是你职业的下一步规划，我听到的往往是：“其实我知道该怎么做，我并不为难，我只是很害怕。”

就像威尔，以及赫赫有名的商业孵化器里一半的人一样。

如果你也有相同的感觉，你有渴望追求却因恐惧而裹步不前的目标，我完全理解。我也曾有这样的感受。我所尝试的每一项有意义的目标，都存在着不确定性和怀疑。

比如，在我离开企业界之前，我深信我的家人和朋友会谴责我的决定。但他们并没有，这些谴责只存在于我的脑海里而已。

我曾经申请与塞斯 · 高汀（Seth Godin）和亚马逊一同创办一家出版公司（光是申请就几乎花了 17 个小时），当时我差一点儿没有点提交键。

在我推出一项名为“勇气学院”的“人生加速器计划”之前，因为恐惧，我一直在做其他人的项目，拖延这个项目。

在我称自己是“作家”和“创意人”之前，我曾躲在其他艺术家的后面，为他们提供指导，帮助他们实现他们的创意。

在我创办一个“我们想要的世界”（一个全球传播的公共艺术项目）之前，我差一点儿就屈服于我脑海中的声音，那个声音说道：“你以为你是谁，还做艺术？你又不是专业艺术学校毕业的！”

在我坐下来写这本书之前，我深信一切都太晚了。

这都是恐惧的声音。对结果的不确定性和犹豫不决让你无法展现自己的天赋。当你真的相信了这个声音，你便会开始拖延，对下一步行动感到困惑。想要战胜恐惧，你必须意识到让你停滞不前的原因究竟是什么。

我们并不为难。我们只是没有认真倾听。

那个更高的自我，被我们所认为的“别人的期望”所劫持——我们担心会让别人失望，我们担心缺乏那些我们以为很重要但其实我们不需要的资源，我们担心项目会失败，担心无数其他脑子里杜撰出来的灾难。我们迈向目标的唯一方式是直面自己的恐惧和害怕的声音。

于是，两个选择放在了我们面前：带着痛苦、困惑和恐惧，停滞不前；或超越内心的阻碍，勇往直前。

我希望你们都选择超越，我希望你们都选择质疑。

这是一个入门练习：

抗焦虑练习

我害怕：________________

因为：	未来的我说：
1	1
2	2
3	3
4	4
5	5
6	6
7	7
8	8
9	9
10	10
11	11

写下来，战胜它！

⑦遇见“嫉妒”——“为什么我没有拥有如此美好的一切？”

我最近收到了一封邮件，内容如下：

我想对你完全坦白：我周围的朋友们事业都发展得如日中天，尽管我很想替他们开心，但我总觉得内心有一颗嘀嗒作响的定时炸弹，随时都会被触发。我经常被这个问题所困扰：“为什么成功的不是我？”这个想法让我很痛苦，因为我不想成为那个无法为朋友的成就而高兴的浑蛋，但每当我看到他们的成功，便会想起自己没有或永远无法拥有的东西。你遇到过这样的问题吗？你是如何处理这种情绪的？

大约在同一时间，我又收到了一封来自一位插画家的邮件，内容如下：

我不敢坦诚地告诉别人，创作追梦之路让我多么欣喜若狂，因为这听上去就好像我是个傲慢的浑蛋。我意识到，为了不让别人眼红，我不得不贬低自己，但实际上，我正在实现梦想。如何让周围多一些鼓励你的人？如何与嫉妒你的人打交道？

噢，我可以感同身受，从两方的立场上。

我也曾是一个容易嫉妒别人的人，很难为朋友们的成就而开心。当我看到有人实现了我一直渴望却没有实现的目标时，我的脑海中就会出现各种恶魔般的声音，它告诉我：我不够好，或我的脚步太慢。每天早晨当我打开社交平台，看着别人精彩的生活，觉得这又一次证实了我的失败。早晨9点，我依然躺在床上，睡眼迷离，打着哈欠，看着网上的消息：被我视为创意界的偶像们正在网上宣布他们的书将拍成电影；一对情侣正在环球旅行，他们又发布了一条新视频，视频里他们的皮肤晒成了好看的古铜色。看着他们讲述自己的事业发展得如何辉煌，我真想一拳打在他们的脸上。还有，我的前男友在世界的另一端，已经和现在的女朋友订婚了。这些消息只意味着一件事：

我是一个糟糕透顶、无可救药的人，我成不了任何大事！我永远都会一事无成！我太烂了，太烂了，太烂了！

我的脚还没踩到地板上，和他人的比较就让我跌入了无尽的深渊，那里满是我的不安和自我怀疑。我甚至相信，因为他们已经占据了成功的领地，那里便容不下我了。我担心我将永远活在生活的边缘，帮助别人赢得掌声与目光，而我永远没有勇气站起来表达我的真实想法。紧接着，我便会为自己的想法感到羞耻——我是一个无耻、攀比之心很重的人！我再一次跌进恐惧和自我怀疑的深渊，动弹不得。

想要走出深渊，我必须仔细研究一下，为什么我会有一夜成名的想法，我的脑子里究竟怎么萌生了这个不切实际的想法？我发现，因为我的自我感知力来自于人们对我的感觉和评价，因此我总希望做“伟大的”和“让人印象深刻的”事。好像只有这样，我的生命才有意义。我脑海中那个清晰的声音不断地跟我讲：“为什么不是我？”其实它是在用另一种方式说：“所以我永远不会被爱，永远不会受到赞美，不会受到眷顾，不会受到尊重吗？”

接下来，我踏上了一段艰难的旅程——一段学习爱自己、鼓励自己和相信自己的旅程。而这个旅程最终让我学会了如何培养自尊心。对我来说，最重要的是每天都为写书这件事投入时间和精力。我专注于它会给我带来怎样的灵感，而不是它会给我带来怎样的成就。我不再和别人比较，而是与上一周的自己比较。当我羡慕他人时，我把它当成灵感的来源，而朋友们的成功就是一个信号，它告诉我：如果他们能做到，我也可以做到。当别人实现了我还未实现的梦想时，我学会了把“落后他人的焦虑感”变成“继续努力”的声音。最终，“为什么不是我”的疑问也变成了“如果他们可以，你也可以”。

带着“继续努力”的声音，我最终完成了成千上万篇的文章、论文和诗歌，还完成了数十个试验。我真正爱上了写作这门“手艺”，全心全意地投入到了创作的过程中，我用创造力实现了写作的愿望。我不再用点赞和阅读量衡量我的成功，而是专注于表达内心的真实想法。我的成功不需要用别人的掌声和肯定来证明，而是要找到内心真实的自己。

当我这样去做时，有趣的事情发生了：我曾羡慕不已的创造性生活，变成了我的生活。我越是朝着我认为重要的方向努力，越是靠近正确的道路，周围朋友们的反应就越像那个过去的我，那个嫉妒别人的我，那个攀比之心满满的我，那个因为“我得不到”而愤怒的我。我甚至可以觉察出，他们是在假装为我开心。当我和他们分享我的成就时，我能感受到，他们伪装的爱与欢乐。我真心地想看到他们成功，尽情表达自我，实现最高理想，但他们却依然活在“如果我得不到，你也得不到”的思维定式中。这种被困在深渊的感觉——相信自己“一定做不到”的感觉，我感同身受。

这让我想起了曾经听过的一个和螃蟹有关的故事。故事是这么说的：如果桶里有一只螃蟹，它很快就会爬出来；但如果桶里有两只或两只以上的螃蟹，当其中一只螃蟹想爬出来时，其他的螃蟹就会抓着它把它拉回来。我不想做那只被拉回来的螃蟹，我猜，你也不想。

所以，那位担心因为坦白了创作让你快乐，就会被认为是个傲慢的浑蛋的插画师，那些因担心别人的看法而不敢锋芒毕露的人，我想对你们说：

点亮自己！

为你的成就之路感到自豪！我们需要更多走在正确道路上并为此感到自豪的人，让他们表达自己真实的想法。

当你无所畏惧地表达你的热情时，你将认识到两件事：

（1）谁是真正支持你、关心你成功的人；

（2）谁受到了威胁，甚至有意识或无意识地想阻碍你的成功。

你没有责任把桶里其他落在后面的“螃蟹”拉出来，也没有义务帮助那些正在寻找自己人生路的人——天助自助者。

嫉妒心和攀比心会吞噬我们，所以不要让他人对你的感受影响到你自己。我还没有遇到过没和嫉妒心以及攀比心打过交道的人。不同的是：那些成功的人不会让别人的看法成为自己内心的阻碍，他们也不会成为对方的对立面。这样，他们就能把注意力完全放在重要的地方：他们的工作、天赋和他们的真实表达。

这就是最重要的部分：你的最佳作品。所以，让自己光芒四射吧！让你的创造力穿透生活的里里外外！这是你可以为自己、为这个世界和千千万万将被你的作品影响的人做的最好的事。

是敌？是友？

让自己全身心投入，把想法变为现实，你已经完成了最难的部分。好样的！而当你勇敢地走在正确的人生道路上时，你必须学会辨别是非。当我们开始着手于实现梦想时，我们可能会关注那些想阻碍我们成功的人，而这种关注会让我们自我摧毁。

朱莉娅·卡梅伦是一位创意老师，也是《创意，是一笔灵魂交易》（*The Artist's Way*）一书的作者，她把这种情况称作“考验”。每当我们的人生和职业即将腾飞时，我们总会找到一些最愤世嫉俗或最具怀疑心态的朋友，听取他们的建议。而他们美其名曰是“为我们好”，非要与我们分享他们的意见。但他们的观点通常并不是为我们好，而是为他们的自我服务。

因此，你需要花一点时间，看清楚你真正的朋友是谁，搞清楚什么是你应该容忍的，并且要时时刻刻提醒自己。换句话说：划清界线，划清界线，划清界线！你的人生和天赋都将取决于这个界线。

抗焦虑日记

列出一张清单，上面有你可以依赖的朋友和你不能依赖的朋友，圈出你想和谁分享你的重要的想法和项目。

自己绝不妥协

这条规则的重点在于：你应该做自己，绝不妥协。努力把工作做好，你会找到“爬出桶”的办法。现在，是时候让那些嫉妒你的朋友做同样的事情了。

如果你就是那位嫉妒心很重的朋友，你会问自己：“为什么不是我呢？”我想问你一个问题：你究竟会选择“爬出桶”，还是放任你的嫉妒吞噬你、毁掉你的理想事业？我希望你们的答案都是：“是时候开始‘爬出桶’了。”

如果你的嫉妒心让你相信，成功的领地中并没有你的位置，那么我想告诉你，事实并非如此。你的嫉妒心之下，掩盖着一座智慧的金矿，它正祈求你的倾听。嫉妒心展现的是你渴望却得不到的目标；它指出了在嘈杂的世界里，你最在乎的事；它是灵感的清泉，等待你纵身跳入。所以，开始关注你的嫉妒心吧。认识到它究竟来自哪里，倾听它想对你说的真相。让它成为行动的号召，让它指明你努力的方向。

这就是开始的方法：

抗焦虑练习

我的嫉妒心来自：	因为：	我的下一步行动是：

嫉妒是灵感的伪装

⑧遇见"比较"——
"我没有他好。我比不上他。"

我曾经和一位艺术家合作过，就叫她亚历杭德拉吧。当她找到我的时候，她正因为"害怕自己落后"而恐慌。她是墨西哥裔，来自一个移民家庭。她的父亲很重视努力工作这件事，25 年多来他都做着同一项工作。她的母亲掌管家务，抚养孩子，照顾家人。亚历杭德拉追求的道路有些不同，她想要成为一位国际艺术家。家里的阿姨、婶婶、姥姥、奶奶和表姐妹们常常赞赏传统意义上的那些成就，她为此感到焦虑不安，难以忍受。

当周围亲近的人都结婚生子、升职、为退休存钱时，她正在建立自己的艺术作品集，全球旅行，和志同道合的人联系，帮助自己提升视野。但在家庭聚会时，她还是会陷入与他人比较的深渊——其他家人的成功就意味着她的失败。虽然她正在用自己的方式获得成功，但她仍担心自己走错了方向。

我认为亚历杭德拉面对的是"活出精彩"（coming alive）和"领

先别人”（getting ahead）这两个对立的目标。当我们关注于“领先别人”这个目标时，我们会把更多、更好和更快地完成任务作为优先考虑项，这就是传统意义上的阶梯式攀登，它是以结果为导向的，是“无论做什么都要成功”的结果。而“活出精彩”则是不同的，它是意识到了“领先别人”的传统之路虽然适合大部分人，但对你却充满局限。当你不顾一切追求传统意义上的成功时，你可能会付出失去快乐、无法感受奇迹、美和喜悦的代价。而当你用学到了多少知识而不是赚了多少钱、获得了怎样的地位来衡量自己是否成功时，这就是“活出精彩”。

当我们身处一个特定的环境，无论是与朋友、家人相处或在任何一种特定文化氛围中，我们其实都是在不同的价值体系中生存，而在这样的体系中，我们难免会遇到一些引人焦虑的对话，比如：

“你找到你的白马王子了吗？”

“你开始为退休存钱了吗？”

“你的下一个五年计划是什么？”

对我来说，当我从公司辞职开始创业时，我周围的一些人都问出了这些让我焦虑的问题。我常常被人问：“那你真正的工作是什么？”紧接着就是：“你怎么赚钱呢？”

领先别人	活出精彩
更多、更好、更快	学习和进步
竞争精神	合作精神
注重结果	注重过程
自律和努力	热忱和快乐
关注“行动清单”	注重“成为清单”

一开始，这些问题让我猝不及防，我感到孤立无援，担心自己做错了什么。我像躲避剑齿虎一样躲避这些问题，不去参加任何我认为让我无法找到归属感的活动。其中的关键词是：归属感。

那些关于成功和成就的对话根本就不是在谈论成功和成就，这些对话是在谈论“归属感”——你适应的圈子，被别人接纳的感受。对我的家人和朋友来说，他们眼中最重要的是安全感、舒适感和“领先别人”；而我所关注的是创意、自我表达——这些对他们来说都是不安全和危险的。当他们问我关于人生选择的问题时，便触及了我内心最原始的恐惧——害怕丧失“归属感”，而成功和成就只不过引出了相关话题。

当我意识到我的恐惧来自于归属感的丧失，而非惧怕失败，我就能够在脑海中重新审视这件事。首先，我必须意识到，我在寻找和需要的是被接纳的感觉。我所承担的风险、我经历的不适感和我对传统以及禁忌的挑战，所有这些绝不可能来自那些不顾一切以结果为导向的人。无论我如何证明我的能力和价值，对他们而言都是徒劳。

我在那些优秀的朋友身上看到了一种普遍现象：日夜辛勤工作的企业家希望他们传统的父亲有一天会说“我真为你骄傲”；许多创意工作者们艰辛劳作，身心俱疲，而内心深处依然希望有人对他们说：“你真的很好，你真的很努力，我爱你。”当我们费尽力气，就是为了赢得归属感时，这可能是一条危险之路。我有个朋友，十年来一直为自己的公司夜以继日地打拼，因为压力过大，他滥用药物，还多次企图自杀。在恢复期间，他意识到，他真正想要的是当年抛弃他的亲生父亲来找他，并且对他说“你对我来说很重要”。他觉得自己从来都不重要，而这样的感觉把他引上了自我毁灭之路。学着说“我对自己很重要”是让他坚持下去的原因。

超越这种模式并不是简单地说：我们不再需要那些我们在乎的人的“肯定”了。人是社会性动物，我们需要有爱和归属感才能活下去。我发现了一个有用的方法：不要去听任何与“我”有关的评价，也不要思考你的行动是“正确的”还是“错误的”。相反，这是一个看到别人的世界观的机会，你要判断它对你是否适用。

所以，如果有位即将退休的成功人士想给我建议，指导我如何生活，我会抱着怀疑态度去听他的话。或者，如果一个人没有健康积极的情感生活，却给我提出了一些关于走出爱情困境的建议，我会留意他们的意图是什么。在接受别人的建议之前，我会先考虑：

（1）我和他有共同的价值观吗？

（2）他所克服的困难是否能给我启发？他经历过什么？未来又有什么打算？我对他感同身受吗？ 我与他能产生灵魂的共鸣吗？

（3）他与我分享的建议，是为了满足自己内心何种需求？他希望被倾听吗？他想证实自己的建议是有用的、正确的吗？他希望赢得我的尊重吗？他是希望减轻内心的焦虑，还是在与我分享他们的爱和智慧？

（4）他们的视角和观点适合我吗？ 这些观点在哪方面会引起我的共鸣？ 我想从中汲取到什么？ 我想摒弃什么？

当想清楚这些问题之后，我会在别人给我不合适的建议时，依然保持冷静。我学会了在与跟我不同的人交流时，坚持自己的选择。因为每个人在世界上都有自己的位置——无论你的目标是“领先别人”、“活出精彩”，还是介于两者之间。

正如堂·米格尔·路易兹在《四个约定》(*The Four Agreements*)中所说的那样，“其他人说出的话和做出的行为，是他们内心真实世界的反映，这也是他们自己的梦想。当别人的意见和行为对你毫无影响时，你就不会再成为无辜的受害者。”

所以，亚历杭德拉和那些陷入“比较”深渊的人请记住：唯一可以衡量你成功与否的人，就是你自己。世界上没有两个有完全相同的背景、相同的处境、相同的目标、相同的价值观和天赋的人。当你关注他们正在做什么，他们有怎样的成就时，你就浪费了本该放在你的目标上的精力和注意力：这才是你的权利和真正该走的路。试图超过别人，会成为你进步的阻碍。重要的是，今天的你，与昨天的你、上周的你、上个月的你和去年的你相比，是否有进步。如何活出成功，活出精彩，达成目标——只有你自己才知道怎么做。

抗焦虑练习

把你去年十个最佳时刻写在上图中

⑨遇见“寻求他人的肯定”——“我要向所有人证明自己！”

我 20 多岁的时候，总觉得自己不够好，并且我总在不停地证明自己。有一天，我遇到了一位 76 岁的老太太，她的名字叫格伦达。当时，我正在咖啡馆里写作，想写下我想要改变却不知如何改变的事。当我抬起头时，一位和蔼可亲的老太太走了进来。一见到她，我就高兴起来。她穿着一条色彩斑斓的裙子——蓝色、紫色、绿色和橙色交相辉映，就像把毕加索的作品穿在了身上。她戴着一副蓝色边框的圆眼镜，我永远都不会忘记她那灿烂的笑容。

在那一刻，我突然很想去认识她，当她经过我的身边时，我不禁说道：“哇，您真的太美了！这是一条裙子还是一幅画呢？”她回答道：“噢，谢谢你！裙子是我自己做的。我以前只穿灰色和黑色的衣服，结果我的人生就像我的衣服一样，黯淡无光。现在，我把我的个性穿在了身上！”她一边说，一边手舞足蹈地扭着腰，我感受到她说出的每一个字都闪耀着生命的光辉。

格伦达似乎很懂生活，于是我问她是否想和我一起喝杯茶。“你知道吗，我来见一个朋友，不过我来早了，”她说道，拉了一把椅子坐在了我的对面。“我叫格伦达。”她说道，伸出手来和我握手。我们一见如故。我们谈到了爱情、艺术和人生的魔力，我们谈到了被拒绝、失败和恐惧。她告诉我她写过的剧本，设计的珠宝，创作的歌曲，在她的爱人去世后她又爱上的男人们。接着，她说了一番深奥又让我感到耳目一新的话，我眯着眼睛，好像这样做就可以把这一刻永远记录下来，放在内心的某个地方。

她说：“在我 20 岁、30 岁，甚至 40 多岁的时候，我总觉得自己需要用一些业绩向别人证明我足够好。在那个年代，女性比现在的地位还要低，所以我一再挑战自己，试图向所有的男性证明我很重要。我去了法学院学习，最终成了一名成功的律师（实际上我讨厌和法律打交道）。但我想为父母证明我的价值，证明我不只是优秀，还要超越所有人。最终，我在追赶别人的路上筋疲力尽，在这场游戏中，我迷失了自己。我意识到，我内心的这场比赛只是幻觉，是我自己脑海中杜撰出来的。这一切全是我脑子里的臆想！事实上，根本没有一个需要我去反驳的人，这场游戏也根本不存在。其他人都在忙着自己的事，他们根本无暇顾及我。所以，我放弃了过去所追求的一切。从此我发誓，我在余生所做的一切，都要以自己的兴趣和热爱为出发点。如果我无法全身心地去做，我就不去做这件事。你再看看现在的我，我做到了！”

在那一刻，格伦达说出了我一直想听到的话。我现在将这些话转述给你，或许这也是你一直想要听到的。所以我再重复一遍：

如果这件事不是你真正热爱的，它真的值得你去做吗？

如果你无法全心全意地去做这件事，你真的还想去做吗？

这是我走过了很多弯路，失败了很多次之后总结出的真理：如果你并不是全心全意地想完成某个目标，那么你不如不去完成它。如果你需要伪装成别人，你就不需要玩这个游戏。“假装”永远不会让你成功，“假装”会摧毁你的灵魂，它就像一夜情或一场宿醉一样，毫无意义。

请创造并成为你希望变成的样子吧。让人生的每分每秒都充满爱与热情。没有人会允许你写一本前卫的小说，没人会先开口对你说“我爱你”，没有人会阻止你继续做那些你不想做的事——而非你真正热爱的事。只有你才能对你的人生负责。

如果你还在玩毫无意义的游戏，我想问问你：游戏会对你产生什么影响？你想尝试活在真正的爱里的感觉吗？

抗焦虑练习

通过＿＿＿＿＿＿＿＿＿＿＿＿＿＿，
（行动）

我想要证明我＿＿＿＿＿＿＿＿＿＿。
当我证明了自己后，我会感到＿＿＿＿＿。
（情绪）

如果现在就想感受到这样的情绪，取而代之，我可以＿＿＿＿＿＿＿＿。
（行动）

如果我没有什么可以证明的，我可以＿＿＿＿＿＿＿＿＿＿＿＿＿＿＿。
（思考或行动）

我的内心希望我能记得去做＿＿＿＿＿＿＿＿＿＿＿＿＿＿＿＿＿＿。
（观察内心）

变得~~更快~~、~~更好~~、~~更聪明~~&~~更完美~~

⑩遇见“羞耻”——
“我失败了。全是我的错，我太可耻了！”

人生有些时候，我们虽然全心全意地投入，却仍有可能受到伤害。我们追求内心真正的渴望和召唤，却总是遍体鳞伤。

我曾追求内心的渴望，结果失败了，我为此羞愧难当。一回想起这样的场景，我的胃也痉挛起来。

在一次长达 30 天的名为“勇气学院”的“人生加速器项目”中，因为我和联合创始人纳撒尼尔的沟通不当以及风险计算错误，导致我们在项目进行到一半时，资金就已经耗尽了。确切地说，我们差了整整 3 万美元。我们原本的目标是带领一个 12 人的团队，用最短的时间提高大家的生活和工作水平，但事实是，我们已经发不出他们最后一笔薪水了。在我看来，我内心最害怕的事发生了。

私下里，纳撒尼尔和我争吵不断，我们都想找到一个解决方案。但就在我被公司的财务状况弄得焦头烂额时，我还不得不拼命克制对纳撒尼尔日渐滋长的情愫。我本该接纳内心的脆弱，在几个月前就向纳撒尼尔坦白我对他的感受，但我却选择直接和他进行商业合作。更糟糕的是，我还和其他人约会，试图用这种方式说服自己：我不爱他。如今，我的新男友是这个项目的顾问和团队成员。

在科罗拉多博尔德市的公寓里，我和团队成员坐下来，准备告诉大家这个不好的消息。这时，我突然崩溃了。当时我正准备发表讲话，但我的视野突然模糊起来，焦虑的声音在我的内心呐喊："你太烂了！你是一个失败者，你让所有人都失望了！全都是你的错！你太可耻了！"

等我呼吸平稳后，我尽力对大家解释道："我们没钱了…… 我们正在努力找到解决办法…… 我们真的很抱歉。"讲完这些，我彻底没有力气了。我内心的惭愧达到了顶点，我面无表情，但心早就碎成了一片片。我不知道该如何表达自己。我心里翻江倒海，却无法说出一句完整的话，无法保持一个团队该有的情谊。我不知道如何重新获得大家的信任，我完全毁掉了作为领导者的权威和形象。

我没有向大家寻求帮助，而是躲到了角落里。我为自己的行为感到羞耻，而且丝毫没有为其他人着想——现在，整个团队都很绝望，我们之间信任全无，支离破碎。而他们的愤怒只是再次肯定了我的想法："一切都是我的错"。

于是，我没有道歉或承认自己的错误，我只是躲了起来，扮演起了受害者，把错误全盘推给了别人。我用"这是一个创业公司，团队成员应该庆幸有机会参与其中"来使我的错误决定合理化。我没有承认对别人造成的伤害，而这让我感到更加羞耻和痛苦。因此，我回避了一切带有感情色彩的话语，找到了一条更符合"逻辑"的路：我想翻过这一页，越快越好。回避让我伤害了大家的感情，也给团队造成了困惑和混乱。我们在创业初期努力建立的家庭般的团队关系破灭了，所有的感情付之一炬，燃成灰烬。

我彻底失败了。

讽刺的是，我所追求的一切以及做这份工作的意义，正是让大家感受到爱和归属感。但因为我不善处理情绪，不敢承认错误，导致我背叛了自己，也拆散了团队。

我多么希望可以告诉你，“就在这个时候，我发现了一本好书或遇到了一位人生导师，帮助我走出了痛苦的时期”。我多么希望可以告诉你，“即使事态糟糕，我的心也碎成了一片片，但我依然鼓起勇气开启了艰难的对话”。但事实上，我没有。

从某些方面来说，我也做了一些正确的事：我拿出了个人贷款，在项目结束后的一个月内付清了团队的工资。6 个月后，我和一个新的团队推出了同一个项目的另一个版本，这次是在旧金山，我们的盈利偿清了 3 万美元的贷款，项目也实现了收支平衡。我创建了一个具有影响力的项目，为人们的生活带来了积极的影响。通过这个项目，很多人放弃了原来的工作，听从了内心的召唤，打开了新的视野。大家筹集了数百万美元，创造出美丽的艺术品，还有人出了新书。我们有太多可以庆祝的理由了，但在我的内心，依然感受着羞耻和惭愧。此外，我也不知道该如何从低谷中走出来。

我筋疲力尽，与真实的自己脱节，身处一片黑暗中，看不到尽头。所以，我做了当时唯一能做的选择：我退出了。

我解散了各业务团队，为它们和我自己贴上了失败的标签。很多年后，我依然可以感受到这个标签在我心上沉甸甸的分量。直到有一天，学者、作家布琳 · 布朗博士关于羞耻感的研究进入了我的视线。这项研究让我驻足，就像一缕阳光照进了我的心底，读着她的文字，我感到越来越轻松。

“羞耻的感觉来自人们对被抛弃的恐惧，我们怕那些已经完成的事、失败的事、没有实现的理想和待完成的目标会贬低我们的价值，让我们不值得被他人信任。”布朗在她的书《活出感性》（*Daring Greatly*）里说：“羞耻感是一种非常痛苦的感受，我们之所以会有羞耻感，是因为我们相信自己是有缺陷的，我们认为自己不值得被爱，不配找到归属感。”

我瞬间茅塞顿开。

相信自己是有缺陷的、认为自己不值得被爱，这简直就是我的人生写照。我把是否值得被爱与我的成就挂钩，我相信只要我犯了错，我就是个有缺陷的人。

我不责备商业模式的问题，不责怪错误的决策，不去思考无效的沟通方式，更不考虑自己的领导风格。

我认为有问题的是我自身。

所以我逃避、隐藏、麻痹自我，并且急匆匆地逃离现场。

也许，你对此也有共鸣？

抗焦虑日记

在你的人生中，是否曾经把犯错当成你自身的缺陷？

布琳·布朗关于羞耻感和内疚感之间差异的研究不禁让我深入思考。布朗博士把这两者解释为“我很糟糕”和“我犯了错”之间的差异，而这个类比或许更好理解一些。两者的差异之所以很大，是因为“当我们用已经完成的事或已经犯过的错误去与我们的价值观进行比较时，它们之间并不匹配，我们为此感到很有负罪感。我知道，这样的对比很糟糕，但很有必要。心理上的不适感是促使我们做出积极改变的动力。内疚和羞耻一样强大，但内疚的影响力是积极的，羞耻的影响力则是具有破坏性的——它腐蚀了我们的内心，让我们不再相信我们还能变好”。

羞耻感让我们相信，我们之所以犯错是由于我们自身有缺陷。这也让我们误以为，如果我们犯了错或让其他人失望了，那么问题一定在我们自己身上。

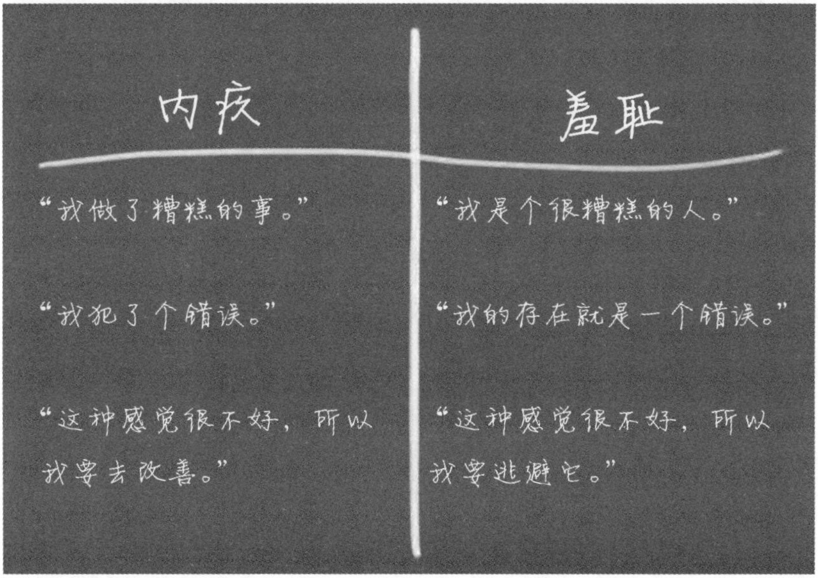

当我发现这种区别时，我想知道，我们如何改变这种情况？我们如何借此改变人与人之间的关系？

布琳·布朗将这种转变称为从“抵抗羞耻”到“反弹羞耻”，这是一种战略方法，可以让我们在经历失败后更有勇气，更具有同情心，与他人建立更多联结。

在“勇气学院”结束四年后，一天，我和纳撒尼尔坐下来聊天。这次聊天让我亲身体会到了这种转变。我记得刚和他会面时，我的内心十分悲伤，因为他曾是我最好的朋友，我曾经暗恋的人，如今他已经变成了一个疏远的陌生人。我对他目前的人生经历一无所知：让他倾注热情的是什么？他渴望的目标又是什么？以前，我们时不时就会聊一聊这些话题。

但这一次，我把我的悲伤看成了邀请。我记得布琳·布朗的建议，她认为羞耻是一种“社交概念”，羞耻在人与人之间产生，也在人与人之间化解。我有些担心，若是对纳撒尼尔打开心扉，可能会导致更深的疏离感。但我也相信，我之前所学到的勇气和真心沟通的意义。

我们坐在布鲁克林公寓的黑色皮沙发上，我打开了一瓶红葡萄酒，给他倒了一杯。我想，喝点儿酒可能会缓和自己的情绪。“我仍然在生你的气。”纳撒尼尔迅速说道。噢，这下要开始了，我想。

这样很好，至少他对我很坦诚。“还有什么？”我问道，我愿意洗耳恭听。

“那年夏天，你真的太让我失望了。”他说，“发生了什么？你究竟怎么了？”

“你真的想知道吗？”我问道。

“是的。”他肯定地说。

“那好吧。”我说。随后，我把心里话一股脑儿倒了出来。我告诉他，我是多么恐惧，整个经历让我晕头转向，以及我为后来发生的事感到多么惭愧，这些年来，它一直影响着我，给我带来无尽的痛苦。我对他说了我最怕说出来的一切，也说了我一直以为他早已知道的——我喜欢他这件事。我告诉他，当我看到他和其他女人在一起，就痛苦万分，于是我开始和其他人约会。我告诉他，我不敢和他说出我的感受，是因为我坚信他不会对我有相同的感觉。这时，纳撒尼尔吃惊地看着我。从头到尾，他根本不知道我在想什么。

我深吸了一口气。

“我一无所知。”他缓缓说道，“我根本不知道你的感受。天哪，这下全说通了！”

接着，他分享了他的故事。整个晚上，我们都在一幕幕回忆那个被称为“勇气”的冒险之旅。我们越是拾起回忆中的伤口，我就越能感受到他的同情，我也逐渐从羞愧中走出来。在回忆过去的过程中，我们一同分析那些正确和错误的决定，我能感受到，我们的联结又逐渐恢复了。当晚谈话的最后，我把过去的“失败”彻底转变为了人生中最有价值和最具有启发性的事。这感觉就像我走进了一只火炉，点燃了全身的火焰，让火焰把我的焦虑烧尽，而我也如重生一般。

你也可以。

抗焦虑日记

你有没有因为惭愧而逃避的对话？你想说什么？你什么时候会开始这段谈话？

我从这件事中所学到的宝贵的一课是：埋在心底的秘密，无论你如何压制它，它总会冒出来困扰你、折磨你、阻止你前行。如果你想摆脱它，你就要有停下来的勇气，并且勇敢地承认它、接纳它。既然羞耻是一种“社交概念”，你就应该与相关的人坦白自己内心的感受。在这个过程中，你便可以与他们建立联结，羞耻感就会随即消失。

“我是个很糟糕的人”会转变成“我犯了一个错”。

“我是一个失败者”会转变成“这件事我做错了”。

“我是一个糟糕的领导”会转变成“我从我的错误中吸取教训，重新站了起来”。

“这次失败证明了我是一个不值得被爱、不配拥有归属感的人”会转变成“无论如何，我永远是有价值的”。

当我们不再把失败的经历与自身的价值和缺陷挂钩时，我们就会看到失败的真正意义：失败是一个信号，它意味着我们拥有进入未知领域和竭尽全力的勇气。而现在，就像过去一样，我们可以从头再来。

抗焦虑练习

1. 找出羞愧的原因

我很羞愧，因为＿＿＿＿＿＿＿＿，
（所做的行为）

而我把它当成了＿＿＿＿＿＿＿＿
（失败的故事）

2. 真伪鉴别

我为什么相信这种感觉，证据是：	我为什么不相信这种感觉，证据是：

3. 改正

承认你的错误，再去改正它

改变你的思维模式

⑪遇见“不被爱”——“我值得被爱吗？”

我清楚地记得，一个我深爱过的男人（就叫他乔丹吧）第一次开口对我说“我爱你”的场景。

当他说出“我爱你”时，我内心的快乐和兴奋如烟花般绽放开来。我死心塌地爱着他，并且全心全意准备好和他携手一生。他对我说，他的感觉和我一样，这太让我激动了！但过了一阵子，他又说出了我意料之外的 11 个字：“我不会再对你说‘我爱你’了”。

这句话让我内心的烟花彻底熄灭了。我感到很困惑，我听到的不是“我不会再对你说‘我爱你’了”，而是“我真的不爱你”。

我不知道他为什么这么说，我也没有问过。我害怕这一切都是我的问题——我不值得被爱。我担心如果我追问到底，他可能会转身离开，完全关闭内心的大门，把我狠狠地赶出去。在这件事上，我过分关注了自己的感受，却没有让他和我具体说说。我完全错过了这个机会。

如今，我回想起这一切，我的猜测是，这与我无关，而是对他来说，“爱”这个词变得过于沉重，它代表着痛苦的经历、达不到的期待和实现不了的承诺。但当时的我并不懂这些。“我不会再对你说‘我爱你’了”，这句话在我的脑海中就像打击乐一样不断响起，让我沉默，让我紧闭心扉。

于是，我把我的感受埋藏在了心底，我表现得满不在乎。当我们的关系变得混乱不堪时，我表面上假装一切都好，当他说他不会再说爱我时，我又“随和地”接受了。事实上，我的内心狂躁又绝望，我已经不知道什么才是我真实的想法了。我被他的情绪所控制，因为我把主导权交给了他。我迷失了自我，我对自己想要什么一无所知。

我之所以分享这个故事，是因为很多人写信给我，希望我可以给他们的感情/人生/事业/人生使命做出指导，但在他们的问题下面，隐藏着一个更深层次的问题：

> “我值得被爱吗？完成这件事，可以为我赢得爱，让我的人生变得圆满吗？”

随后，大家分享了很多具体的故事。他们告诉我，有时候他们会完全不知道自己的感受和目标，他们感到六神无主，绝望不堪。所以，他们想寻求指导：“为什么我会有这样的感受？”他们希望我可以给他们一些建议。不过在这之前，我们先谈一谈造成这个局面的原因吧。

如果你的人生信条由别人创造，而你只是选择接纳人生道路上的一切，并对一切假装“满足”，那么这就是你迷失自己的原因。这样，你就忘了内心的归属：你自己的感受。

我付出了很大的代价，才学会了如何找到内心的归属，创造自己的人生信条。我对乔丹一味地妥协，无条件地接受他的反常和不稳定。每一次他的行为让我抓狂时，我都压制住内心的怒火，只是对他笑笑。一天，他终于把我带到了公园，我们在一个水泥桌面对面地坐着。他冷酷地对我说："我想恢复单身。"听到这句话，我突然失去了理智——我其实早已预料到这个结局，我知道分手是早晚的事，只是我不知道如何处理接下来将发生的一切。

那些日子，我压抑的情感就像决堤的河流一样冲了出来，吞没了我。眼泪从我的脸颊滑下，我不知道自己哭了多久，是几分钟还是几小时。那些曾经压抑的、各种程度的痛苦，都在一瞬间爆发，让一切都变得模糊起来。"我想恢复单身"在我的眼里变成了"你不值得被爱"，而"我们结束了"变成了"你是一个有缺陷的人"。

在那一刻，我是如此脆弱不堪。我之所以把他的话当作对我自身价值的否定，是因为我的内心早就不再受自己的控制了，而是任由他主导；我的内心也不属于自己，完全被他左右。我解决这个问题的方法就是麻痹自己：我用龙舌兰酒和红酒麻痹自己，我靠赢得关注和拼命工作以获得职场上的价值来麻痹自己。每一段感情和每一次职场的机遇，都成了我的游戏。我用它们证明，我属于这里，我值得被爱。问题是，这一切都是我在头脑里臆想出来的，现实生活中根本没有游戏。

在那些年里，我一直生活在羞耻和自责之中，我把悲伤藏在心底，一次又一次重复着同样的错误。最终，在我走到绝望的时候，我意识到我需要修整自己。我需要重新审视和“爱”与“归属感”有关的故事，以及那些故事发生的缘由。我需要找出走进那段感情的缘由，那段无法满足我情感需求的感情，让我惴惴不安的感情。在那段感情里，我的不安让我始终觉得自己不够好，所以无论乔丹对我做了什么，我都觉得是足够的。

我和乔丹之前的关系并不是爱，而是限制。这不是“我和你在一起，就变成了最好的自己；和你在一起，我就可以感受最圆满的生活”，而是“伪装在爱情幻想里的那个我，连我自己都已经无法辨认”。

所以，我和自己达成了协议。

首先，我原谅了自己。我原谅了曾经因为痛苦和无助而产生的自我麻痹、自我伤害的行为。

其次，我想了解我的需求究竟是什么，我该如何满足这个需求。我想了解我会在什么情况下付出真心，我该如何表达爱，如何诚实地与他人沟通。当我开始思考自己的需求时，我也就把自己的权利放在了更重要的位置，我不会再把我的权利轻易交给他人掌管。

第三，我将永远坦白地说出真心话，哪怕真相是残忍的。我永远都不会因为害怕找不到爱我的人而去接受一段感情，我永远不会因为没有勇气说出我的想法而背叛我的男友。坦白地说出真相——这就是我的誓言。

第四，如果我不知道真相是什么，那么我会在内心寻找。我不会在酒精里、在无法为我付出真心的男人那里寻找，也不会去体验毫无意义的经历。我会让自己静下来，等待内心给我提示，并且跟着这个提示付诸行动。

在这个过程中，我学会了从自己的内心寻找归属感。我学会了尊重自己的权利，尊重自己的内心。只有这样，我才真正属于自己。多年后，曾经发生过的对话又一次发生在了我和法尔哈德的身上，而这一次，我感到很惊喜。经过几个月的商务合作，我们逐渐建立了友情，而当我们（终于！）第一次约会，喝了第一杯红酒时，他说："我不知道我对爱持有什么态度。"接着，他开始引用离婚率的数据，谈到他的朋友们失败的婚姻。他说，上一段感情让他非常不安，然后，他又理智地分析爱为什么没有意义。我完全不赞同他的话。

我能感受到他对我的好感，我也逐渐喜欢上了他。我感受到了我们之间的爱意，我知道这对我们意味着什么。但我也知道，"爱"对他来说可能意味着痛苦的回忆、深刻的期待，以及很容易就被打破的承诺。那天发生的事情，和我与乔丹的那次经历差不多。不同的是，我已经不是当年的我。我不知道法尔哈德是不是恐惧，我不知道他是不是像我爱上他一样，正在慢慢爱上我。但这次，我不在乎。我的心曾为乔丹碎成了无数片，但我依然拾起碎片，把它们重新组合在了一起，我学会了用勇气面对这一切：毫无畏惧、真实地面对自己的感受。

接着，我人生中最狂热、最真挚的爱情发生了，就像我把爱毫无保留地放在了死亡的审判台上，而我自己就是律师。我毫不退缩，我告诉法尔哈德，我们无法隐瞒爱，如果这辈子有一件事必须完成，那就是用尽所有力气去爱和被爱。当我说完这段话时，我深吸了一口气，转动红酒杯，喝了一口名叫"小爱"的红酒。我看到他的表情柔和了起来，他的脸色红润，嘴角上扬。他用我从未见过的表情看着我，我不知道该怎么形容这种表情，而在那一刻，我知道他选择并且接纳了我。他选择我，是因为我选择并且接纳了自己。

你也可以选择并且接纳自己。

当你不再压抑自己、隐藏和麻痹自己的真实感受时，你就选择并且接纳了自己。当事情的发展并不像你所希望的那样时，不再伪装一切都很好就是你选择并且接纳了自己。当因为别人的控制导致你不再快乐时，选择不再接受别人的控制就是你选择并且接纳了自己。每当你用下面这些话提醒自己时，你就选择并且接纳了自己：

我属于自己。

我值得被爱。

我就是爱。

抗焦虑练习

爱自己的方式：

- 写日记
- 写一首诗
- 冥想
- 把手机关机
- 旅行
- 用心去感受内心
- 对自己说“我爱你”
- 微笑
- 读一本书
- ______（写出你的方法）

你就是爱。

⑫遇见“挫败”——
“他们一次又一次地拒绝了我！”

“我又被拒绝了，”一位艺术家发信息给我说道，“我感到很挫败。”

“我完全明白你的感受，”我回复道，“考验和磨难会让你的人生故事更精彩。”

想一想，如果你正在读一本个人传记，作者的童年很完美，他的父母很完美，他的长相也很完美，所有人都喜欢他，他一投入事业就一夜成名，这种故事有意思吗？

想必会很无聊。

那么什么是有趣的呢？巴西作家保罗·柯艾略在出版《牧羊少年奇幻之旅》之前，曾经被拒绝了200多次。这本书最终售出了1亿册，被翻译成了80种语言，打破了出版语种最多的吉尼斯纪录。试想，如果他在第1次、第5次、第10次，甚至第199次被拒绝时放弃了，会怎么样？

还有一个很有趣的故事。一位名叫马拉拉·优素福·扎伊的14

岁女孩提议，每一个女孩都应该拥有受教育的权利，结果，塔利班企图暗杀她。但最终她胜利了，并因此获得了诺贝尔和平奖。

出版这本书的过程也很有趣。在这之前，我经历了10年的自我探索，每天笔耕不辍地写博客。我曾经用6年实践并改进书中的概念，我采访了上万名客户，并倾注所有心血，把这本书的精华内容做成了一个80页的样章。之后，我又请教了许多出版代理人，其中一位发邮件说，我“离成为出版作家的路还很远”，我应该“放下自负”，好好认识自己，然后再去思考出书这件事。

说得真狠。

当我看到他这番话时，我的双手开始颤抖，我的心被自我怀疑重重包围。我听见焦虑的声音正在呐喊：

> “他是对的，你没有准备好。”
>
> “不管怎么说，你还没有成为作家的素质。”
>
> “早就和你说，不要去写书了。”

焦虑的声音如风暴一般在我脑海中咆哮，我的脑子里有一行大写的句子快速闪现：“**你以为你是谁？笨蛋！**”此时，厨房里的那瓶红酒显得特别诱人，我想要一饮而尽。我还想钻到被窝里再也不起来。那个批判的声音不停地在说“你太烂了，你太烂了，你太烂了”，这感觉就像我的客厅里有一群魔鬼——它们抓起我，把我往墙上扔；它们掐住我的脖子，让我动弹不得。我感觉我的喉咙被掐住了，视线也开始模糊。

就在我即将被有害的焦虑战胜时，我决定让自己平静下来，放慢呼吸的频率。我开始吸气 4 秒钟，保持 4 秒钟，再吐气 4 秒钟，就像在内观和呼吸课上学到的那样。当我这么做时，我终于平静了下来，开始以另一个身份观察我的不适。随后，我承认并接纳了我的羞耻感，并最终驯服了它。

“我看到你了，”我趁其不备抓住了“焦虑”，大声对它说道，“我看到你了，恐惧。我看到你了，愤怒。我看到你了，悲伤。我看到你了，焦虑。我看到你了，怀疑。我看到你了，羞耻。我感受到你受了伤，你很害怕。我知道你觉得我们最大的梦想就要被扔进马桶冲走了，但这没有关系。”当我和我的情绪直接对话时，我对它们松开了手，关闭了恐慌模式，把注意力放到了内心。我想：“好的，焦虑的风暴，我很好。质疑之心，你在那里吗？我下一步该怎么走？”

就在这时，我想到了我的朋友杰德 · 泰勒曾说过的智慧的话语。杰德曾出演一部在美国大热的电视剧《魔法师》。在成名之前，她曾多次想要放弃。在这 8 年的时间里，她经历了几千次拒绝，但没有任何一节表演课教过她如何面对拒绝。每次她接到拒绝出演的电话时，她的心都快碎了，她也陷入了严重的自我怀疑中。当我问她是如何坚持了下来，是什么鼓励了她继续前行时，她告诉我，她不能把这些拒绝看成拒绝。她的工作就是不断试镜，从中总结、学习，以提高自己的表演技能，她当时的目标不是赢得某个角色。她说：“对找什么样的演员，制片方有很具体的目标，我可能不适合，但这并不是我的错，我只是不适合这个角色而已。”

“不是我的错，我只是不适合”，当我收到拒绝的邮件时，她的话又一次在我耳边响起，并且给了我莫大的鼓励。不是我没有准备好，不是我有什么缺陷，不是我不够好或不值得成功，我不应该躲起来，或迎合他人对我的期待，绝对不是！我只是不适合。我应该大胆行动，勇敢地向前，更加自信地去实现自我，追求自己的目标。

于是，我尽可能去了解自己的价值，并且回复了那封来自出版代理人刻薄的电子邮件。我让他知道“我看到了他的建议，我们明显不适合”。我感谢了他的直言不讳，并且说，他的邮件为我节省了很多精力和时间。我点击发送后，就再也没有收到他的消息。

接下来，我又发送了十几封邮件。关于“不是我的问题”的谈话，让我有信心再次去寻找适合我的地方，而不是寻求“被别人选中”。在第 333 天（这时，一年里只剩下 33 天了），一连串的“感应”告诉我，我走在了正确的道路上——我被一位作家朋友介绍给了一位出版代理人。

“安珀 · 雷，”她在电话里叫起来，“我太激动了，我想马上和你说个事！我在地铁上读你的样章，一边看一边激动地大声叫：‘天哪，这个女孩太会写了！’”

我立刻就知道了——她就是我要找的代理人。后面的故事大家都知道了。

我的重点是坚毅和信任。被拒绝之后，你只有接纳恐惧、怀疑和羞耻，学会让内心的真相指导你前行，才能真正找到正确的路。这个过程不会轻松舒适，困难和不适意味着你正在做重要的工作，正在经历成长。

以伊丽莎白 · 吉尔伯特为例。当有人问她写作之路是否轻松时，伊丽莎白说，她从未要求自己的工作是“轻松的”，她只希望是有趣的。“因为人生所有特别有趣的事做起来都很困难，”她说，“比如爱、智慧、成长、同情心、学习、旅行、忠诚、勇气、耐力和蜕变……但‘有趣’并不意味着‘折磨’。当事情变得困难时，并不意味着你必须忍受痛苦、呻吟、抓头发、撕衣服。它只是表示事情变得……非常有趣。”

你可以让“有趣”带你体验你害怕体验的每一种情感，让“有趣”带领你选择一个疯狂又勇敢的人生。你可以让“有趣”提醒你，当事情变得非常糟糕时，有一天你回首往事，发现这只不过是人生中一个“有趣”的时刻。就像一位朋友曾经对我说的，当她经历着人生中那些糟糕的阶段时，她都会对自己说：“虽然这很痛苦，但我拥有了体验痛苦的机会。”

“我拥有了体验痛苦的机会”。每当我在经历痛苦的时候，我也会用这 11 个字提醒自己；当我在悲伤之河中挣扎，几近溺水，无法呼吸时；当我陷入争吵，想夺门而出时；当我感到困惑、挫败、孤独、恐惧时；当我想回避所有的感受时——我都会用她的话提醒自己。

我拥有了体验痛苦的机会，你也拥有了，我们都拥有了，所有人都可以拥有这种机会。这是一种福佑。因此，允许自己去感受挫败吧，然后站起来，成长为最好的自己。

抗焦虑练习

说出三件你遭遇拒绝和失败之后，
依然坚持下来的事：

1.

2.

3.

站起来！

⑬遇见“冒牌货综合征”——
“我有什么资格做这件事？我只是个冒牌货！”

下一页的这些文字，来自我的日记。在我着手写这本书之前，我写下了下面这些话。多年来，每当我准备开启人生中最重要的项目时，每当我遇到让我心跳加速、不愿意错过的好项目时，总有一个让我恐惧的声音在问我：“你以为你是谁，能做好这件事？”

我太羞愧了，我不敢让任何人知道我脑子里的想法——他们或许会以为我疯了，又或许会确认我的想法：是的！我是一个冒牌货。所以我保守着这个秘密，我把这个想法埋在内心深处，而且我把它当成真相，用它指导我处事的态度，整日与我共处。

我是谁，居然敢写这本书？我没有读过心理学硕士，我没有资格给别人提供“建议”。我才31岁。如果我写这本书，他们会发现我是个冒牌货，我会很受伤的。我可能不应该做这件事，对吗？但我可以帮助别人实现他们的理想。可是，不行啊！我不能总是躲起来，不能总让自己显得很渺小卑微。是的，躲起来简单多了，是的，安全多了。但我的灵魂正在枯萎。我不是一个冒牌货！现在，我写这本书的时间到了！好的，好的，我开始写这本书吧。我把一切都倾注到这本书里。深呼吸。开始写吧！

亲爱的安珀

值得庆幸的是，就在我不断自我怀疑，不知所措之时，我去了联合国，听到了奥普拉的演讲。奥普拉说，她曾经做过35 000次采访，每一次采访结束，被采访者都会问："这样可以吗？"其实这个问题的真正意思是："我表现得好吗？"

这就是我们想知道的：我们表现得很好，我们正在做的事是正确的，我们不是冒牌货。我们所说的话对这个世界是有意义的，我们很有用，我们值得被爱，值得被接纳。对我们中的很多人来说，我们所担心的正是自己没有价值。

比如，普利策奖提名作家和五项格莱美奖的获得者玛雅·安吉罗（Maya Angelou）曾说："我已经写了11本书，每写一本，我都会想：'噢，这下他们会发现我在向所有人伪装我会写书这件事了。'"塞斯·高汀在出版了11本畅销书之后，依然觉得自己就像他的书《伊卡洛斯骗局》里的"骗子"一样。世界卫生组织的负责人陈博士说："很多人认为我是专家，他们为什么会相信我？我自己心里清楚，我有太多不懂的事了。"谢丽尔·桑德伯格在她的书《向前一步》中说："每当课堂上老师叫到我的名字，我都觉得自己会当众出丑。而每次我安全度过，甚至表现得很好时，我就觉得我骗了所有人。"

害怕"被发现是冒牌货"，这个现象有一个医学名词——冒牌货综合征。1978年，两位美国心理学家保琳·克朗斯和苏珊·艾姆斯将"认为自己不配拥有所达到的成就、所处的状态、所得到的肯定和关爱"的现象称为冒牌货综合征。他们认为这是人们"觉得自己不聪明、没有能力、没有创造力的一种虚假感"。

或许你也有相同的感受？

抗焦虑日记

你曾经因为“冒牌货综合征”放弃了什么目标？你有什么证据证明你是一个“冒牌货”？你有什么证据证明你不是“冒牌货”？

在我开始创作的一年后，我的“冒牌货综合征”到达了最严重的程度。那时，我的艺术作品在一家画廊展出，同时展出的还有我最喜欢的街头艺术家谢泼德·费尔雷和班克斯的作品。这次活动恰逢我30岁生日，也是我首次在画廊做展览。当然，我脑子里挥之不去的只有一个问题：“真见鬼，我是怎么混到这里的？”和一个回答：“我不配在这里。”

在开展前的一个星期，我还有最后一幅作品需要完成，但我的情绪很不稳定——自我怀疑让我愤怒，甚至无法思考。我认真地考虑退出这个展览。我写完了邮件，差一点儿就要发出去——告诉我邀请的100位朋友，展览取消了。就在那时，我突然想起了我从塔拉·布莱克那里学到的“邀请恶魔喝茶”的概念。塔拉是一位临床心理学家，也是《全然接受这样的我》（*Radical Acceptance*）一书的作者。“邀请恶魔喝茶”是积极识别和学习处理消极情绪的方式。

有个故事是这样说的：佛陀在开悟的前一夜与恶魔进行了一场战斗，恶魔试图攻击佛陀，但失败了。短暂的气馁之后，恶魔继续出其不意地攻击佛陀，试图造成混乱。佛陀的左右侍者阿难一直在等待恶魔这个“邪恶灵魂”的返回。佛陀并没有无视恶魔或驱赶他，而是冷静地承认他的存在，他说："我看见你了，恶魔。"随后，佛陀把他当成贵宾一般邀请他喝茶。恶魔停留一会儿就离去了，佛陀则毫发无损。

这个故事提醒了我，不要试图逃离或假装无视任何不舒服的感受，我应该试着和脑子里的"恶魔"交朋友。于是，我在工作室拿起一张大照片，把我的疑惑一股脑儿画在了上面。

我写道："我足够好吗？会有人喜欢我的作品吗？我的野心是否超过了实力？为什么我如此害怕？如果我失败了怎么办？如果他们批判我怎么办？'他们'到底是谁？我真的能做好吗？我准备好了吗？我的才华配得上我的野心吗？我真的太害怕了！"

当我这么做时，有趣的事发生了。在我承认恐惧和怀疑的过程中，我邀请它们和我一同成长，这让我释放了内心的情绪，把我的恐惧变成了诗歌。脆弱的话语激发了我的创作灵感，它们成了画廊里悬挂的艺术品：4 件混合媒体作品，展示了我内心深处从焦虑到质疑的转变过程。最后一件作品上写着："我选择通过质疑的镜头看世界，于是，每一件物品都开始绽放光彩。"这也让我找到了适合这本书的书名。

其中的变化非常有意思，不是吗？

这个故事讲述了当你受到"冒牌货综合征"的困扰时，该如何应对：你看到它，对它微笑，邀请它来喝茶。你不应该逃避它、躲开它，或试图麻痹它。你要与内心所有的情绪和感受做朋友，不管它是积极的还是负面的，你都要学会用理解和同情接纳它。当你说"我看到你了"，然后带着焦虑前行并超越自我，你就创造了一个新的故事：一个根植于真理和力量的故事。这是让你的才华发光的唯一方式。

抗焦虑日记

你心中的疑惑是什么？倾听内心“冒牌货综合征”的声音，释放你的焦虑和恐惧。它将是你下一个作品的燃料。

鲁米（Rumi）是我最爱的诗人之一，他曾写过这样一首诗：

人的一生好比客栈，
每个早晨都有新的来客。
喜悦、沮丧、卑劣、某个瞬间的觉知，
像是意外的访客翩然到来。
欢迎并热情招待他们每一个！
即使是一群悲伤之徒，
恣意破坏你的屋舍，
搬空所有家具，
仍然要待以礼之。
因为他们可能带来某些崭新的欢悦，
涤净你的心灵。
无论是悲伤、羞耻或邪念，
都要在门口笑脸相迎，
欢迎他们进入你的内心。
不管来者是谁，
都要心存感激，
因为每位访客都是上天派来的向导。

抗焦虑练习

我心里的那个“冒牌货”在说：

“我看到你了。”

⑭遇见“躲藏”——
“我做不到！他们会怎么看我？”

我的朋友吉娜是个很优秀也很有名气的回忆录作家。有一天，她打电话向我倾诉，她为自己正在写的书感到焦虑。她已经写了100多页了，但她突然担心起来——她的书里涉及很多私人信息，内容阴暗，还有很多有关某些人童年扭曲经历的细节描写。她担心别人看到她的书会批评她，她害怕家人看到这本书会有消极的反应。还有她的父亲——一个在她童年时酗酒并且抛弃了她的人，她担心他会回来搅扰她。

“如果他们和我断绝关系怎么办？”吉娜问。

我收到过很多这样的问题。虽然每个人分享的担忧和恐惧的程度不一样，他们不能说出事实真相的原因也各不相同，但中心问题永远是相同的：别人会怎么看我？这个问题的含义实际上是：如果他们放弃了我怎么办？

这也是让我挣扎的人生问题。有趣的是，就像吉娜一样，我在写这本书时，也是写到大约100页的时候开始恐慌——我担心我的文字会受到谴责。我的思绪因此混乱不堪。

若要战胜内心的噪声，首先你要记得谢丽尔·史翠德给出的建议："你必须写一本书，你也必须出版这本书。"这其实是两件事，但只有给自己留下时间和空间写下需要写的文字，表达出"天哪，我不敢相信我居然写出了这件事的真相"，我们才能找到故事的核心，否则我们永远不知道该如何推进自己的写作进度。我们只有充分表达自我，才能更好地编辑、包装和营销我们的故事。但在这之前，我们会像吉娜一样停滞不前，这可能是一个信号，我们不能躲避，而是应该诉说自己的故事。

所以，行动吧。写下你认为过于极端而不敢动笔的故事，尽可能用生动的语言去描述细节。可能你会出版这本书，它或许只是你成长的一个标志而已。但只有在那个时候，你才能让自己说出应该说的故事，你才会知道自己应该如何处理它。

抗焦虑日记

在页面的最上方写下："我最担心说出的故事是……"然后，毫无保留地写下来。

当你有了"这才是我真正要表达的事"的宣泄感之后，当你清晰地了解了你的创作方向，当你准备与他人分享它时，你依然会担心受到批评。吉娜就是这样，我也是这么担心的。于是，我写下了下面这些鼓励你的话，这对所有人都有用：

是的，他们可能会批评你。是的，他们的话可能会给你造成很大的伤害，让你感到泄气。你可能会跪倒在地，让眼泪顺着你的脸颊流下；你可能会在沙发上蜷缩，大口吃着冰激凌，好几天精神萎靡。因为你自我怀疑，你怀疑你的能力。你可能会闭关不见任何人，就像全世界都在忙碌，只有你停滞不前。

此时，你可能希望自己从来没开始过这个作品的创作，从未表达过你的真实感受。你想要放弃，永远不再“面对真相”。你可能会从事新的娱乐活动或开始新的冒险。你可能会找到更低调、风险更低的方式来表达自己。这或许也会给你带来相同的成长和历练。如果是这样，那真的太好了！

但是，这或许并不会给你带来同等的成长和历练。你不会从中找到共鸣，你也不会感受到相同的快乐和痛苦，无法让你的能力得到提升。

当你不再去追问“别人会怎么看待我”，而是把问题变成“我会怎么看待自己”时，你就学会了超越批评，不再把批评的声音看作个人和自我价值的反映，那些批评只是别人的世界观。我们需要搞清楚的是：你无法控制其他人看待你和回应你的方式。关注其他人的反应会影响你专注于自己的目标。地球上有70亿人，你的工作不是取悦每个人，获得每个人的肯定。这种追求会让你发疯的。你的目标是用你自己的方式表达自己，让你的声音被更多人听到。

它或许只是一个声音——表达你自己。或许，在你表达之后，它会进入某个人的内心，产生共鸣，听到它的人也感受到了同样的绝望和喜悦；它可能是听者在找寻的声音，这个声音能让他们更清楚地看到自己；它可能是一个信号，它或许是希望的象征，或告诉你是时候放手了，让你知道一切都会好起来；它可能是火花，是某件事的催化剂，是巨大改变的开端；它还有可能为听者展示了一条他们还没看到的道路。在这个过程中，听者找到了自己，你也变得更了解自己。

一切都是未知，但你的表达是否具有这样的影响力，唯一的方法就是要全心全意投入到这项工作中去，让你的声音自由发挥它的影响力。所以，你可以尽情展示你的不完美，讲出你走出人生低谷的故事，让它照亮人们的内心，让你生命的色彩变成其他人生活中的颜料。

是的，读者可能会批评你。但那些批评你的人，其实批评的正是他们自己。

抗焦虑练习

如果别人的批评和批判不重要，你会怎么做？你会说什么？你会把精力放在哪里？

完全做自己！不要妥协！

⑮遇见“评头品足”——
“我的天，快看看他什么样子！太丢人了！”

一次，我在墨西哥的度假村旅行。到达酒店后，我跑到屋顶上，想赶在众人到达之前观看日落。我坐在屋顶上，心情大好，一边品着梅斯卡尔酒，一边欣赏着四周的风景，看着熙熙攘攘的人群。正在这时，我看到对面有一位女士，她不顾周围环境的嘈杂，独自盘腿打坐，冥想了45分钟。

“在这里冥想，真有意思啊。”我心想。这时她站了起来，把手放在胸前祷告，接着鞠躬——她对自己鞠了一躬，对太阳鞠了一躬。然后，她开始翩翩起舞，肆意地舞动着身体，就像周围没有人一样。她的身体仿佛进入了狂喜的状态，对旁边40多个人视而不见。她疯狂地舞动着，仿佛这是她人生的最后一支舞。

“她太会出风头了。”我一边想，一边翻了个白眼，但我仍然无法把目光从她身上移开。整个房间的人也都向她投去了注目礼。“她可能特别需要吸引别人的目光吧。”我对身旁的陌生人说道。“我们应该给她小费吗？”他笑着回答。

她这样让自己当众“出丑”，让我浑身不舒服，我这辈子都不会用这种方式表达自己的。看着她自由流畅的舞姿，我突然想到了我的朋友万达曾经和我说的话：

“你无法一边评判别人一边爱自己。”

是的，我正在批判这个我完全不了解的女人。我批判她有勇气用感性的方式表达自己——这个看上去毫不在意别人目光的女人，她不在意别人是否在嘲笑她、喜欢她，或是讨厌她的表演。这甚至不是一场表演，她在用行动表现她纯粹的快乐。

然后我意识到：我不是在批判她，我是在批判我自己。

批判别人能让你进行反思，它体现了你在否定或压抑自己，它揭示了你的自以为是。它是一张地图，把你指引到你不敢正视的地方。就像瑞士心理学家卡尔·荣格曾说：“每一次别人让我们感到的烦扰，都让我们更了解自己。”当我们批判别人的时候，其实是我们自己想要被爱和被包容。这是我们内心被遗弃的部分对我们说：“嘿，快注意我！我在这里！快来爱我吧！”但大部分时候，我们都会把注意力放在外界，我们错过了内心向我们传达的智慧和判断力。

跳舞的女人让我清晰地意识到，我在哪方面需要被关注。就像我一直在关注人们如何看待我一样。如果我像这个跳舞的女人一样，自由地在公共场合表达自己，我一定会被拒绝，受到别人的嘲笑。用性感的舞姿表达自己？这可能会引起男人的注意，还会带来麻烦或伤害，那就是“我的错”了。如果我获得“太多”注意力，或“太出彩”，我会让别人不高兴，伤害到别人，我会不知道怎么收场。

跳舞的女人让我更清晰地看到了自己内心的焦虑，让我重新审视我的思维模式。她只是在做自己而已，她表达了自己想要表达的内心而已。多么棒的天赋！

我记得万达教我的方法：当你注意到自己在批判其他人时，转向你的内心，看着那个你批判的人，然后对自己说："你是我的一部分，我们不是分离的。谢谢你馈赠的这份礼物，给了我这样的意识。"我试了这个方式，它对我很有效——它让我不再批判他人，让我找回了爱与接纳。

你呢？在你的生命中，你是否总是在批判和责备某个人？是否总有某个人让你觉得厌烦，让你止不住一直批判他？谁是近期在你生命中"跳舞的女人"？

那个人就是你的老师、你的镜子、你的礼物。那个人是一个信号，提醒你，这是你成长的机会，提醒你，奇迹即将出现：

> 我在批判谁？
>
> 这意味着我是什么样的人？

记住：他是你的一部分。你们不是分开的。你们是一个共同体。

抗焦虑练习

我对________（人名）感到________（情绪），因为________（发生的事）。

我希望他/她/他们做出________（行为）。

如果他/她/他们做出了这个行为，我会感到________（情绪）。

想要获得这样的情绪，如果我自己做出________（行为）也可以。这反射出我的内心________（洞察出的更深的感受）。

"他们"是你的镜子

⑯遇见“吃醋”——“他会夺走我心爱的人吗？”

我猜测，从理论上来说，我们都知道吃醋会摧毁我们最重要的关系。直到有一天，我和它正面交锋。前不久，我正在我们布鲁克林的阁楼里一边听歌，一边愉快地写作。当我拿起法尔哈德的iPad准备换歌时，一条通过脸书发来的信息在屏幕上跳了出来。

“我们在一起度过了一段愉快的时光，不是吗？”——这条信息来自法尔哈德的前女友。

据我对他们关系的了解，这段感情给法尔哈德带来了许多伤痛。所以当我看到这条信息时，我很吃惊。我的心开始怦怦直跳。5秒之后，下一条信息出现了。

“是的，我们很愉快。”——法尔哈德回复。

“是的，我们很愉快”？我的内心开始尖叫。他们在说什么愉快的经历？！他为什么要秒回？！

我站在那儿看着他们的对话，就像有人突然在我的肚子上捅了一刀，然后握着刀柄，把我硬生生地拖到了房间的另一头。我失去了控制，马上点击了他前女友的脸书页面，开始窥探她的生活。我想要证明我比她更好。我像着了魔一样，一张张翻看她的照片。当我看到她坚实的腹部、狭窄的腰部和紧实而娇小的身体线条时，我开始痛骂自己，我觉得自己就像一团柔软的面。吃醋和愤怒让我青筋暴出，我的身体进入了战斗模式，我的脑海里开始播放假想的我和他和他的前女友对峙时说的话。我没有意识到，在这个情况下，我已经变成了一头野兽。

我没有向她喷火（虽然这个画面正在我的脑海中播放），而是给法尔哈德发了一条短信。

“为什么发信息给你的前女友？！”我写道，而这已经是我可以做到的最冷静的方式了。“为什么你这么快回复？？？？你回复我的信息都没那么快！！顺便说一句，千万别以为我有多喜欢窥探别人的隐私！！我只是在你的iPad上换歌，而这些信息不停地跳出来！！我非常生气！！”

法尔哈德立刻打了电话过来。

“宝贝，”他说，“我知道你为什么生气，但你没有什么可以担心的，我爱你。是的，我很快回复了我的前女友。不是因为我不爱你，而是因为和她交流，让我感到过去的伤口正在愈合。”

“不是因为我不爱你”、“不是因为我不爱你”、“不是因为我不爱你”……这8个字在我的脑海里一遍又一遍地演奏，就像拳击比赛时敲响的钟声一样，在我的心上一拳又一拳地击打着，这比他们“曾经度过的愉快时光”还要让我心碎。吃醋和愤怒如同两股对立的力量，在我的内心互相袭击。我深吸一口气，让自己平静下来。我开始试着客观地看待这件事。

是的，这段谈话和我完全没有关系，而我却把它往自己身上揽。是的，我怀疑他对前女友的爱已经超过了对我的爱，我怀疑他觉得前女友的身材比我好。是的，曾经和她度过美好时光并不代表我们现在的时光不够美好。是的，我因为吃醋而发脾气，这一点毫无意义。是的，如果我用防守和不信任的态度回应这件事，会把本来可以深度交流的大门紧紧关闭。我意识到，我只有一个选择：把这扇门打开。

“你是对的，”这次，我用冷静、克制的语气说道，“我把这件事看成我的问题了，其实它真的和我无关。我很欣慰你过去的伤口正在愈合。我爱你，也希望晚点可以和你就这个话题好好谈谈。”

其实我并不想在未来讨论这个话题，我也想尽可能假装这件事没有发生过（因为我对自己的反应感到羞愧）。我想起婚恋情感专家、治疗师埃丝特·佩瑞尔曾经说过的话：“大部分人都不会谈论吃醋，因为这种感受本身就是禁忌。”这很不幸，因为吃醋是一种“人类普遍的情感，是爱情的众多体验之一”。和羡慕不同，羡慕是“我想要你拥有的”，吃醋则是说“我觉得你想要我拥有的东西，而我感到了威胁，就是因为你也想要”。所以，当你感受到威胁，去倾听它内在的声音时，实际上这是一个让你与伴侣走得更近的机会，也是加深你们之间感情的方式。

别忘了，法尔哈德那天晚上回家的时候，我已经给自己时间冷静了下来，我思考了我的不理智、缺乏安全感和吃醋的反应。当我提起这件事时，我们轻松地大笑了一场，我也为自己的反应脸红了。我看到了一个建立联结、让我们更亲密的机会。我充满爱意地看着他，带着好奇，我问起了法尔哈德的过去——那段让他心碎的感情，以及他是如何再次站起来的。接下来的几个小时，他分享了那段感情的点点滴滴，为什么他喜欢上了他的前女友，为什么他感到受伤，以及在分手的时候，他为什么感到缺乏安全感。到了晚上，有趣的事发生了：我们紧紧地拥抱着对方，然后深情地望着对方的眼睛，在我们的心中，爱与联结就如火山一般爆发。这是因为我控制了我的吃醋和不安全感，我战胜了愤怒。取而代之的是，我把它变成了亲密交流的机会——在此前，我们从未如此深层次地交流过。

这不就是恋爱时遇到挫折的意义吗？在你无法抑制像魔鬼一样走向深渊时，停下来，然后转身回归平静。

是的。这是我们的选择，打开一扇门，而不是关闭它，于是，它就对我们完全敞开了。

你应该总是选择打开这扇门。尽你所能，让这扇门开得越大越好。

抗焦虑练习

上一次我吃醋是：

我是如何回应的：

下一次我想回应的方式是：

吃醋使你们的心更接近

⑰遇见“愤怒”——“我真的很生气！”

曾经在很多年里，我只会取悦并迎合他人。终于有一天，我开始学着拒绝——因为我遇到了里奇。他让我学会了拒绝的艺术。

在一周内，里奇写了5封邮件给我，让我为他们即将营业的公司写一篇文章。我曾经给朋友的公司写过一篇文章，刊登在了《快公司》杂志上，获得了很好的反响。作家、投资人兼企业家蒂姆·菲里斯在他的一篇博客“黑客众筹”里提到了我。从那之后，我每周都能收到十几封邮件，都来自像里奇这样的人。但这些写邮件的人大多没有做过功课，也从未经过深思熟虑，这些邮件似乎都在告诉我一件事：“我们是多么牛啊！”当我的邮件太多，回复不过来的时候，我制定了一条规则：如果对方不花时间做功课，我就不会花时间去回复。我用这个方法过滤了很多“噪声”。

后来，里奇出现了。我没有回复他，我并没有因为他说“这个公司会火出天际”，以及“你一定会后悔的”就为他的公司写文章。随后，他又写了一封邮件给我，接着，一封接一封，他不断发邮件说我错过了什么，让我最好加入他们。我并没有回复他，他又给我发推特消息，“你收到我的邮件了吗？”他问道，“你都不知道你错过了什么！”

“不，里奇，我不知道我错过了什么，因为你没有说清楚为什么我该关心这件事。我不感兴趣，谢谢！”我脑子里这么想，但没有发出去。几天后，我在一个活动上遇到了里奇。“你是安珀·雷！”他看到我时喊道，“你是那个一点儿都不懂邮件礼仪的女孩！你只关心自己，对不对？”然后他开始大笑，和他在一起的那群人也开始大笑。我非常震惊，公开的羞辱让我不知所措。我甚至说不出一个连贯的句子，我哑口无言、浑身发抖，最后只能转身离开。

等我回到家后，我给一个朋友打了电话。我在公寓里来回踱步，大声叫道：“他怎么敢这么做！他是个浑蛋！”朋友回复道：“哇，你听起来真的很生气！”

“我一点儿都不生气！”我边说边把日记扔到了房间的另一边。我真的不想因为里奇而生气，我不是那种容易生气的人。我是一个温和的人，我一直都很镇定。我总是确保周围每个人都很开心，过得很好。温和的人是不会发脾气的，温和的人只会微笑点头，假装每一件事都很棒。但事实上我快气疯了。

我已经习惯了压抑我的愤怒，忽略、隐藏、否定、逃避它，自我麻痹，做一大堆别的事情，不去倾听愤怒的声音。

或许，你也能从中找到你的影子？

但是，现在我还处于学习接纳自己情绪的初级阶段。我要学习如何面对它们，而不是逃避它们。在这个过程中，各种让人不适的情绪都浮出了水面。

“愤怒是我们的朋友，”这是我从朱莉娅·卡梅伦的书《创意，是一笔灵魂交易》中学到的，“它不是一个温柔的朋友，但是它非常非常忠诚。”

愤怒尖叫着，在我的内心爆发。愤怒是一个信号，是让我刨根问底的理由，它给我一记耳光，然后说：“听着，事情有些不对劲，你需要注意一下。你现在就得去处理这件事！”愤怒告诉我，有人越过了我的底线，它让我知道我之前采取的行动已经不奏效了。它告诉我，我遭遇了背叛，或我背叛了自己。愤怒是行动的信号，它不是要触发我们情绪的爆发，而是要我们对情绪背后的信息采取行动。

“明明是我先有了创立Instagram的想法。”十几个企业家都曾气愤地和我说，“这很简单，它只是一个软件加上了照片流程序，我能做到的，还能比它做得更好。”这就是来自愤怒的声音，它在说：“别再拖延了，别再推迟行动了！想法不会在一夜之间变成价值数十亿美元的公司的，你赶紧动手开始行动吧！”

“天哪，又有一个朋友订婚了，”一位朋友一边对我说，一边翻着白眼，“真是太烦人了，我受不了了！”这是愤怒的声音在说：“你想要爱，承认吧！去寻找爱吧，你值得拥有爱。”

“那些浑蛋偷走了我的创意，”一位艺术家在一个品牌盗用了她的代表作之后对我抱怨道，该品牌设计师重新包装了她的作品，并印在了T恤上。“可恶！”这是愤怒的声音在大声疾呼，我告诉她：“你的底线被触犯了，这绝对不行。尊重你的作品，采取行动去维权吧。”

于是，她采取了行动。她请了一位律师，把这件事告诉了她的朋友们，他们在该品牌的Instagram评论区大闹了一场，还给该公司发了信函。她大声且清晰地说："这种行为是不被允许的！如果你想使用我的艺术作品，这是使用条款！"之后，这家公司把她的作品扯下来了，还写了一封道歉信，出资购买了她的作品。她采取的行动最终成了她职业生涯的辉煌时刻。所有的一切都是因为她倾听了愤怒的声音，并随之采取了行动。她没有因为愤怒而大发雷霆，而是采取了行动。这是有区别的。

大发雷霆是你把愤怒发泄在了你所爱的人身上，把问题转变成了你的朋友、老板、爱人、室友或你的公司的问题。因为你背叛了自己，你捶着墙，挥着拳，厌倦又心力交瘁。你的心里可能埋藏了很多情绪，持续多年，一旦遇到不负责任的评价，你便很有可能大发雷霆。

但是，因为愤怒而采取行动则是不同的，采取行动是明智的，它确保我们做出正确的改变，它让我们满足内心的需求。采取行动体现了我们对内心的重视。采取行动，从这个问题开始："我的愤怒是要向我发出怎样的信号？"然后以这个问题结束："我们该怎么做？"

在遇到里奇之后，我和朋友打完电话，把先前扔出去的日记捡了回来，打开，开始写道：

"我的愤怒是要告诉我什么呢？"

我的愤怒是想告诉我，他的行为是错误的。我感到自己不被尊重，受到了羞辱。我什么都没有做错，但却感觉自己像做错了事一样。

我的愤怒是想告诉我，他对我的评价——说我只关心自己，只注意自己——让我反应激烈。他踩到了我的痛点，我惧怕被人贴上“自私”的标签。

我的愤怒想告诉我，当我无法发声时，当我犹豫和害怕时，我想要用自己的声音，清晰冷静地表达出事实的真相。

“那我打算怎么做呢？”

我想要坦白地说出来，我想要采取行动——我要主动和他联系，告诉他发生在我身上的事，我们的交流让我非常不开心，我将练习从非暴力沟通技巧中学到的方式，给他写一封邮件。我现在就要去写。

我打开笔记本电脑，开始写道：

> 里奇你好，
>
> 我在活动中见到你时，你说我只关心我自己，这让我不知所措。而这背后的原因是：我有在某个项目上过度投入的倾向，我也容易取悦他人。现在，我试图打破这种模式。我正在努力学会说“不”。我在一周内收到了你的5封邮件，而在这些邮件里，你只谈到了你的公司。从你的字里行间，我感到自己和你是两个世界的人。你越是不停地写邮件，我越是有这种感觉。我会慎重选择合作的对象，而你每次写邮件给我，我都感到压力重重，你显然不是我合适的合作对象，所以我无法帮助你，也没有回复你。我曾经给自己设定了一个规则：如果对方没有花时间在我们的合作项目上做一些功课，我就不会回复。如果你问我未来该怎么做，我的建议是，请你做一些背景研究，向我展示我们是可以

和谐共处、一起合作的。

祝你的新公司一切顺利。

祝好，

安珀

我再也没有收到过里奇的回复。但这不重要，我不需要知道他有没有收到我的来信。我听到了自己的声音。我倾听了我的愤怒，并采取了相应的行动，而不是仅在情绪上爆发。

所以，下一次当你生气、想要大发雷霆的时候，请记住：愤怒是你忠实的朋友。它正在尽一切努力引起你的注意，它挥舞着旗子，直到你扪心自问：

1. 我的愤怒试图对我说什么？
2. 我打算如何采取行动？

采取行动，而非大发雷霆。

抗焦虑练习

我感到很愤怒，当……时：

我的愤怒试图告诉我：

为了对我的愤怒采取相应的行动，我决定：

对愤怒采取行动，不要大发雷霆

⑱遇见“吃苦”——
“伟大的创作只有通过苦难才能实现！”

有一次，我和一位音乐家一起喝茶，他对我说：“我不能和有可能和我恋爱的女人约会，因为一旦恋爱了，我就没有创作的源泉了。我只和我知道会伤害我的女人约会。”他的经历、他感受到的紧张、他内心所做的斗争和遭遇的痛苦，都是他音乐灵感的源泉。

或者，这只是他选择去相信的而已。

我的好朋友赛琳相信“伟大的创作只有通过苦难才能实现”这个道理。她把想法变成现实的过程总是充满了痛苦，甚至有些自虐。作为一位设计师，她相信，她在完成一个项目的过程中如果没有经历过垂死挣扎，她的投入就是不够的。如果她的客户不够苛刻，她就不能挑战自己的极限。如果她没有因为工作失眠，每周没有工作到 90 小时以上，她就没有离开自己的舒适区，没有获得成长。

当我问赛琳，她从哪里得出关于成长的这个结论时，她告诉我，一位导师曾对她说：“如果你没有吃苦，你就不会做出任何伟大的创作。”

现在，在某种程度上，我理解她的导师想表达的意思——也许他的意思是让她“接受不舒服的感受”，或“苦难是创作过程中自然的一部分”。但是，如果说伟大的创作只有通过苦难实现，这不但是错误的，也是让人不安的。

但赛琳对此坚信不疑。

她认为痛苦的意义大于享受的意义。所以，如果有让她产生好奇心、点燃她热情的客户或项目出现时，她便会拒绝。如果对一个项目热情满满，她便会内疚。她不相信通过快乐也能学习和成长，也可以让她成为她想成为的知名设计师。她完全相信，成功的唯一途径就是痛苦的挣扎，除此之外，没有其他可行的道路。

抗焦虑日记

在你的成长过程中，你对吃苦有什么理解？它在你的工作和生活中扮演了什么角色？

赛琳的故事并不罕见。太多人从小就被教导，应该把吃苦放在工作和人生的重心位置。也许你也受到过这样的教育，认为痛苦比什么都重要，甚至痛苦是让你成长的唯一的方式。当我还在高中的时候，有个亲戚总对我说：“吃得苦中苦，方为人上人。”虽然我很尊重他，但我很难认同他的话。吃苦并没有让他拥有他想要的生活。我的父亲是一位有才华的作曲家，他一边苦苦地与毒瘾和疾病做斗争，一边写歌。他相信，生活中的戏剧化和痛苦是创作歌曲的灵感来源。但是你看，命运最终把他早早地带进了坟墓。

我更愿意相信另一个不同的故事，一个根植于快乐和爱的故事。这个故事是围绕愉悦展开的。我相信伟大的作品来自快乐。我对生存的奥秘和生命的奇迹充满迷恋——这并不是说，我忽视痛苦和挣扎，它们当然是人类经历中不可避免的一部分——我的意思是，我们不用刻意去寻找痛苦。

如果你在为目标奋斗的过程中只把眼光放到苦苦挣扎上，便很难感受敬畏和奇迹。作家和企业家杰夫 · 古恩斯曾经分享过这样一个故事：在他的努力下，他的公司营业额达到了 100 万美元，但为了要把这个价值七位数的公司运营好，他不堪重负。在一位教练的帮助下，他制定了一个详细的两年战略，他想：好吧，那就牺牲我之后两年的生活，做成功了我就退出，去做自己真正想做的事。

但就在他制订计划的过程中，他越来越焦虑。他对工作的热情减少了，也不再做自己喜欢的事情。他和家人一起度过的时光也越来越少。他开始亏损，这让他越来越惧怕破产。就在他苦苦挣扎的时候，他给塞斯 · 高汀打了一个电话，这次通话改变了他的人生。

当塞斯问他为什么创立这家公司时，他说："我想要自由。"接着，塞斯说了杰夫永远都不会忘记的一句话。塞斯说："不要因为想获得自由而创业，创业的原因应该是你想要创业。"

这时杰夫意识到，他并不想创业。他的一个孩子才 6 个月，另一个 4 岁。他现在所做的工作并不是未来想做的，而这样错过了孩子们的成长非常可惜。对他来说，把企业发展壮大并不是他的目标，小而精才是。于是，他调整了自己的计划，并缩减了企业规模。他开始花更多时间和孩子们在一起，投入越来越多的时间写作。在 6 个月之内，他感受到了更多的自由和快乐，通过审视对他来说最重要的目标，他学会了接纳他的快乐，把时间放在给他带来自由的活动上，而这种自由正是他要找寻的。你也可以放弃痛苦，选择给你带来自由和愉悦的事。

我知道，有时候人生可能挑战重重，让你害怕、焦虑，甚至心碎。我也曾经感到羞耻和痛苦，感到人生支离破碎。而当我情绪糟糕时，当我不堪生活的重负时，当我熬夜赶工，把原本简单的事弄得很复杂时，我把经历的痛苦像荣誉徽章一样戴在身上，让所有人知道。

我更有成就了吗？绝对没有。我在写作吗？一点儿都没有。我是否与我想成为的人更接近，创作了我希望完成的作品了呢？并没有。我是否坚持让痛苦的经历成为自己没有创作的借口？你说对了。

我注意到，在大部分情况下，我们之所以害怕失去痛苦，是因为我们害怕失去“痛苦”这个借口。痛苦解释了我们为什么没有好好利用天赋，解释了我们为什么不去追求想要的生活——使用这个借口很方便。

但是请相信我：你比你想象中坚强。无论昨天发生了什么，或明天将会发生什么，你都拥有当下。就在当下这一刻，你很好，你在呼吸，你的未来在等你。勇敢地面对这一刻，勇敢地面对你的借口，做一个善良的人，相信快乐的意义，爱永远都比痛苦重要。

抗焦虑练习

如果你围绕爱和快乐创作，会发生什么事？
会改变什么？

让爱带路

⑲遇见“逃避”——
“我不能说出真实的想法，我需要假装一切都好。”

我和法尔哈德的感情持续了 4 年多之后，激情开始消退。我有些担心，我们的感情可能走到了尽头，该放手了。我们是彼此爱的港湾，我们互相治愈伤口，重获力量。他是我喜欢的类型，他很阳刚，也很爱我。他可靠、稳定，愿意给我无条件的爱。无论我遇到了什么事，他总是默默支持我。当我内心的恶魔在作祟时，我会极度不安，充满自我怀疑，只想逃离。这时，他会看着我，直视我的内心，帮助我发现我自己都看不到的光和热。他轻轻地把我往梦想的方向推，用各种我渴望的方式支持我。

在这种神仙眷侣般的表象之下，有一个我不敢去想的真相：我们之间没有激情了。当谈到我们感情中的亲密性时，我时常感到失落。我希望他更有男子气概一些，但我们在一起的日子里，却充满了温柔长久的拥抱和如婴儿般的对话。我开玩笑说，我们拥抱的时间可以得奖了。但原始的性爱呢？它缺席了。这件事让我感到非常惭愧，我拒绝承认。因为如果我承认，就意味着我们之间出现了问题。不管这是我的错，还是我们的错，这始终是一个错误。一想到要和他坦白，以及坦白会为我们感情带来的负面影响，我就感到害怕。我把越来越多的注意力放在了工作上，对感情表现得一切都好。我和他保持规律的性生活，也只是为了例行公事，这样，我们的感情看上去就没什么问题了。

然后，我遇到了塞巴斯蒂安。我和他瞬间产生了火花，他让我意识到我内心深处对激情的渴望。我觉得自己被他注视，被他感知，深深地把他给迷住了，这是从法尔哈德那里很久都没有感受到的。他的存在和他看着我眼睛的样子，让我的静脉都跳跃起来。有一次，我对他的渴望到达了高峰，我甚至想和他进一步发展。但那一刻，法尔哈德的脸出现在了我的脑海中，我想起了他的温柔，他才是我深深爱着的男人。于是，我选择了对感情忠诚，让自己冷静下来。

我幻想着和塞巴斯蒂安交流的一幕幕，在我的脑海里，他是一个未知的可能，未被探索的幻想，也是我不敢靠近的黑暗区域。每当我想到他，感受到我与他之间的联结，排山倒海的内疚感就会向我袭来。这个社会对女性性行为的束缚和追求快乐的耻辱感，更加让我感到沉重。

我忧心忡忡，禁不住问自己：

我是个糟糕的伴侣吗？

这是不是意味着我的不忠？

这些幻想是否意味着我有问题？或是我们的关系有问题？我渴望探索更深层次的快乐，这是一件很糟糕的事吗？

我和法尔哈德的关系是不是已经被毁了？

对欲望的感知和我发现的联结，让我有所释放，也正因为这样，我觉得自己做错了事，十分内疚。我的内心在挣扎，一方面我想要探索内心深处的性能量，另一方面我又在与本能做斗争——出现的欲望对我深爱的男人意味着什么？我想要找到答案。

塞巴斯蒂安的出现就像一面镜子，照射出潜伏在我内心深处的欲望。它让我看到我一直畏惧探索、不予承认、不愿意感受和接近的领域。那里潜伏着危险，就好像我为你写下这段文字时我的感受。这种微妙的险境让我发现了一个真相：要想前进，我们必须说出并实践内心的真实感受。

所以，我选择了向法尔哈德坦白我的想法。这个做法很疯狂，但我选择尊重自己内心的真相，即使我害怕极了。我想把所有的细节、感受都全盘托出，因为坦诚是感情的核心价值，我希望完全尊重这一点。但他会做出什么反应？他会如何面对我的真诚呢？我内心的欲望爆发，对他会有怎样的影响？他正在经历职业生涯的关键时期，我担心我的坦白会对他产生严重的阻碍。我害怕我们的关系会崩溃，甚至毁灭，永远无法修复。我更担心，我的坦白会证明他心里的担忧，会让他认为自己不够好，或不值得拥有爱，那种真真切切毫无保留的爱，那种毫无怀疑“你永远都会支持我”的爱。当我坐在他的面前，他用他温柔、善良和充满关切的眼神看着我时，他马上知道有些事情出了问题，他的眼睛里充满了担忧——因为他对我太了解了。话到嘴边，我突然开始犹豫。就在这时，我想到了我对自己的承诺：我从未保证让自己过得舒适，但我发誓我要让自己活得真实。

所以，我告诉了他发生的一切。我分享了我和他之间的缺失感，以及我在塞巴斯蒂安身上感受到的火花。我告诉他塞巴斯蒂安的原话、他的感受，以及在短暂的那一刻，我对他的渴望。我给他看了我们的短信，分享了我们相处的场景。当我诚实地、直接地，甚至满怀激情地告诉他这一切时，我看到了他脸上表情的变化——从关切变成了绝望，又从绝望变成了痛苦。我的心痛得像被撕成一片片。我望着他，有生以来第一次，我质疑我们的爱能否继续下去；有生以来第一次，我想马上从一段对话中逃离。我看着他把自己封锁了起来，没有任何情绪；我看到他在我们之间建起一座厚重的心墙，我们就在墙的两边坐着。我试图找到一扇门，来到他的那一边，这样我就可以靠近他，拥抱他。我又试着找到一扇开着的窗户，爬到他这边，或找到一根绳子攀到他那一头。但每当我找到一扇门，他便把门关上了；每当我找到一扇窗，他就把窗锁得死死的。而那根绳子，我还没够着，就被他抽走了。他快速又彻底地把我关在了门外，因为他确信，我已经做了决定——我们的感情已经走到了尽头，我想要离开他，在没有他的世界前行。

从某种意义上来说，他是对的——我们已经走到了尽头，我们的感情已经死了。这样的结束和死亡，并不是他脑中臆想出来的。当我们避免艰难的对话时，我们就已经真正结束了。当我们的感情出现问题时，我们依然假装一切都好，因为我们深爱着对方，担心一些不可触及的话题会把我们的感情带到终点。我意识到，如果我们想要这段感情继续走下去，想要我们的爱永远不变，就像我曾经许下的誓言那样，我就不能从其他人身上找解决问题的方法，而是应该从我们自己身上入手。

虽然和塞巴斯蒂安碰出的火花让我兴奋，他非常吸引我，和他在一起，我也可以得到短暂的如火山爆发般的满足。但他的出现，清楚地折射出了我和法尔哈德之间更深层次的问题。我意识到，我已经来到了一个十字路口：我可以继续对这些挑战视而不见，这是我一直以来都很擅长的处理方式，但我也可以直面它们，正面解决问题。我又一次想到了我对真实而不是舒适生活的承诺，所以我毫不犹豫地选择了真相。

抗焦虑日记

当人生中出现问题时，你是否曾经假装一切都好？假装的结果是什么？

在这个探索过程中，法尔哈德填补了我内心的空缺，他用无条件的爱和关怀，给予了我安全感、稳定感和父亲般的爱，他抚慰了我内心那个受伤的小孩，那个像害怕死亡一样害怕被遗弃的孩子。他完全地接纳我，拥抱我的过去，连我自己都无法完全接纳、拥抱和爱自己的过去。虽然我从未感受过父爱，但他用他的爱，教会了我如何爱自己。

这种爱的方式也为我们的关系提供了养分。我们的爱很安全，也很美，让我感到被保护。但我也意识到，这种爱的方式无法让我们建立长久的联结，无法为我们的亲密生活带来渴望的火花。

于是我们开始寻求专家的建议，从情感治疗师艾斯特·佩蕾尔那里，我们了解到，即使背叛为感情带来了痛苦的结局，也不代表这段感情已经走到了终点。“你们的第一次关系已经结束了，”她说，“你们想要一起建立第二段感情吗？”于是，我和法尔哈德照做了，我们达成了新的共识，其中最主要的一条是，我们不再躲避艰难的对话。那些我们曾经想掩盖的东西，现在都会向对方坦白。我们手牵手，一同承担坦白过程中的不确定性和痛苦。我们也会彼此依靠，帮助对方解决还未解决的问题。

我们开始努力，接受感情正在破裂的事实，也希望在我们的努力之下，感情可以得以修复。我们学会了利用和拥抱冲突的力量，通过我们遇到的矛盾，努力去改变。过去的关系可能已经死了，但现在，我们又一次获得了重生，我们能量满满，我们之间的关系更紧密了。我意识到，在与其他人建立联结、产生共鸣时，我自己才是源头，我可以选择关系发展的方向。我选择了法尔哈德，他也选择了我。

当我们遇到“逃避”，就让逃避改变我们，这就是改变的结果。

这个过程可能很艰难，也让人心碎，我完全理解。当我们思考、感受或经历的事情让我们感到不舒适时，我们处理它的唯一方法大都是逃避。如果过于痛苦，我们会试图逃避它，认为这样它就会消失，或者程度会减轻。逃避也可能以另一种方式体现，比如更努力地工作，或不去寻找新的机会，这样你就不用面对被拒绝的可能性，也无须用酗酒放纵自己。逃避也有可能体现为不作为，比如逃避一场富有挑战性的对话，刻意疏远与你产生冲突的人，或试图说服自己“我想要的对我并不重要”。

但问题是，当我们用逃避应对时，焦虑只会增加，不会减少，我们试图逃避的感受甚至会变本加厉。真正能让你放下的应对方式，是把逃避和焦虑看成行动的信号，看成机遇，它为你选择了真实而非舒适的道路。这是你善待自己、让自己变得更有勇气的机会，这是我们鼓起勇气、直面脆弱的时刻。

抗焦虑练习

我在逃避：	因为：
我需要的是：	我下一步的计划是：

逃避是对勇气的召唤

⑳遇见“招架不住”——
“我快被压垮了，我无法处理好所有的事！”

一位企业家曾经写邮件问我：“我终于开始着手为实现最大的梦想而努力了。我离开了任职的公司去创业，我每天都在进步。但我总害怕已经晚了（我的时间总是不够用），我担心我付不起员工的工资，担心每件事都会乱七八糟。在最低谷的时候，我开始质疑我的选择，我是否有能力承担这样的压力和责任？对我的焦虑，你有什么建议吗？”

一位旅行作家兼社交媒体Instagram网红也在同一时间给我发了邮件，他写道：“我终于可以做自己喜欢做的事情，而且还能因此得到报酬了！（环球旅行！撰写游记！摄影！和品牌合作活动！）但有一个问题：我真的快被压垮了！不可预见的挑战不断地出现，让我时常恐慌发作，这也影响了我的创作过程。我的文章越来越糟糕，每一天都变得很艰难。我曾经努力实现梦想，如今在严重的自我怀疑和重重压力之下，我再也感受不到实现梦想的快乐了。你遇到过这样的问题吗？”

当然，我太有共鸣了。

通过练习合气道，我学会了一种全新的面对巨大压力的方法。合气道是一种自我防卫性武术，它也被称为“与生命能量统一的方法”。当我和合气道黑带高手一起上课时，我很快学会了一件事：我越是试图逃离冲突和混乱，就越容易被击败。如果我恐慌，就会受伤；当我开始怀疑自己的能力时，我就会被制服。合气道需要你心平气和，使用有效的方法和集中精力，专注地面对你的对手。你要用心感受迎面而来的能量，并与之结合。

我从老师那里了解到，若想成为黑带，需要通过一个叫“自由对摔”的终极考试，它在日语中的意思是“面对混乱”。在几轮攻守之后，练习者大汗淋漓、疲惫不堪，他站在垫子的一端，一个人面对多名攻击者，而他的对手都是黑带。对手们快速持续地前进，没有人知道他们将以什么方式或顺序攻击练习者。而练习者要把重心保持在丹田，往前迈步时，他需要把力量模式调整到和对手队伍一致，一次面对一个挑战者，这样就可以打败所有的对手。当然，如果和一位对手交锋的时间太长或失去重心，练习者就会失败。

同样的原则也适用于让我们提高自己的技能，实现目标。无论我们面对的是即将到来的项目截止日期、意料之外的对手，还是我们自己的心理问题，最终的考验都是如何驾驭混乱，因为混乱会一直出现。

恐慌、自我封闭、逃避，或陷入一片混乱，都会导致失败。深呼吸，让你的身体放松下来，感受丹田的气息，每次只面对一个挑战，这样就会给你带来成功。

当我们试图发挥最好的成绩时，当我们祈求新颖的想法可以出现时，当不可改变的截止期限快要到来时，我们可以用“合气道”的方式进行处理，与挑战我们的能量统一，在混乱中保持冷静。

即使每日雷打不动地创作，你依然会遇到起伏和变化，这个过程就像涨潮与落潮，又像一支舞蹈。即使你在一段时期里的创作过程畅通无比，也可能在下一段时期就迎来疑问和阻碍。在这个过程中，你会不断经历试验、改进和怀疑，你会有越来越清晰的思路，也会有新的探索。最终，当一切明朗，另一段畅通无阻的时期又会开启。你会迎来许多未知的挑战，而最重要的是每日的坚持。无论你是否感到害怕，无论你是否有能力，无论你是否清楚接下来会发生什么，无论你的脑子里是否有一个声音告诉你："这太难了，强度太大了，天啊，我做了正确的选择了吗？"当你追求渴望的目标时，都会有太多的未知等待着你。这些未知可能让你感到恐惧，可能让你措手不及。我想起有一次听到天使投资人、企业家纳瓦尔·拉维康特在蒂姆·费里斯的节目《蒂姆·费里斯秀》上说："欲望是你和自己签订的合同，在你达到目标之前，你不允许自己快乐。"

我们常想达到目标，越过终点线，向前迈进。我们想了解如何获得收益，想了解是否有足够的时间，想了解如何应对无法预料的挑战。但在创作的过程中，我们必须自然地接受和面对未知。因为创作很混乱，创作是原始的，是模糊的、看不到头的，是脆弱的，也是具有启发性的一项工作。在创作中，所有的混乱会一并向你袭来。那一刻，当你试图放弃并改变路线的时候，正是你应该坚持的时刻。正是这种方式，让我们发现了创作赐予我们的宝藏。

这就是为什么每当你选择去做自己觉得有价值的事时，你都必须问问自己："我是否愿意为追求重要的目标而感到不安？"你的坚持会让你收获很多知识和才能。但只有你每天雷打不动地去行动，不断地迈出一步又一步，一次又一次地去勇敢尝试，才有可能成功。

我相信，欲望是我们和自己签订的合同，它让我们在追逐梦想的路上不断努力。但只有使用“合气道”的方式处理沿途出现的混乱和挑战，我们才能成功。

我知道，你比想象中更强大。

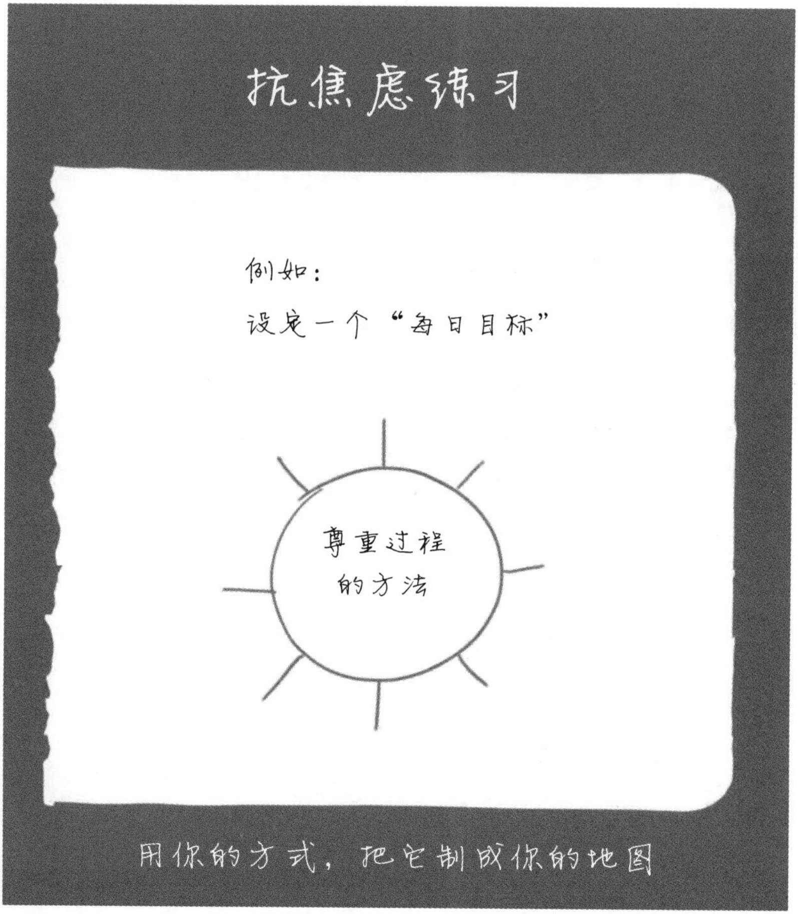

㉑遇见“焦虑”——
“未来无法预测，这让我惊恐发作，浑身发抖！”

当风暴在内心汇聚，爆发的时刻即将到来时，你能感觉到吗?

即使你努力选择“质疑”，但“有害的焦虑”正在吞噬你，让你失去控制。你不知道如何放慢思路或恢复平静。你的内心充满悔恨和失望，你在想“那件事我这么做就好了”，这样的思绪逐渐占了上风，让你对可能犯的错误忧心忡忡，让你的大脑不听使唤。当所有的思绪交织在一起，织成了一张焦虑的大网时，你的呼吸会变得短促，你的心跳会加速，除了噪声，你什么都听不到——它震耳欲聋，几乎让你瘫痪。

这种感受在我的生活中时常出现。

比如，我正投入地做一个项目，我突然会想：如果这个项目没做好，那么我会让所有人都失望，我会出丑。(“我真的配得上我想追求的目标吗？”)

比如，我在看Instagram上的照片时，发现每个人似乎都活得很精彩。我会想："我的生活糟糕透了，我根本不懂生活。"（"我到底在做些什么？"）

比如，我失眠了，因为未来无法预测，这让我很难受。（"我的世界会崩溃吗？"）

比如，我觉得自己对人生失去了掌控，我坐在地上，浑身发抖，惊恐发作。（"为什么这样的事发生在了我身上？"）

我们生活在一个焦虑的时代，就像媒体所报道的那样。我们盲目地刷着手机，寻找失去的快乐。我们争先恐后地挤进冥想室，希望在那里可以找回宁静。我们阅读各种励志鸡汤，希望能够破解内心空洞的密码。我们生存在巨大的压力之下，它要求我们过最精彩的人生，发挥最大的潜能——而这一切必须在30岁之前完成——难怪这么多人焦虑重重。

每当我谈到这个话题时，大家问我的第一个问题总是："我该如何摆脱焦虑？"

这是一个我非常熟悉的问题，多年来，我也一直在扪心自问。但这个问题不但没有让我摆脱焦虑，反而导致焦虑感越来越强烈。就好像我们会对正在恐慌发作的人说"不要惊慌"或"别再担心了"一样，我们希望这些话可以减轻他们的痛苦，结果却适得其反。

焦虑是内在的不适感，我们却从外界寻求让它"消失"的方式，比如喝一杯红酒、吃一些药物缓解，或用工作逃避它，做更多的承诺让人生更"充实"。我们放大野心，制定更高的目标，就好像一旦实现了这些目标，我们的焦虑就会自然减少。我们做了一切可以做的努力——除了认真感受焦虑，而这才是我们本该做的事。

焦虑不是你的敌人，它是你的朋友，它是一个有些精神紧张但却非常忠诚的朋友。这个朋友会在半夜拍着你的肩膀说："嗨，你好，有些事不对劲儿啊。抱歉让你焦虑了，但这是我吸引你注意的唯一方式了。"当你被混乱的思绪包围，呼吸困难、心跳加速的时候，你会听到质疑的声音，你会听到内心的真理和直觉在对你说："嗨，你好，请注意，是时候重新调整了。"

焦虑让你调整步伐，选择正确的路。

调整步伐并不是逃避焦虑或试图改变焦虑，而是接纳真相，倾听焦虑的声音，看清焦虑为我们指明的方向。

所以，当焦虑出现时，我的建议是：

1.重复"魔咒"，理清思路

思绪混乱时，我多半处于恐慌的边缘，我要做的第一件事就是让自己平静下来，不断重复这句话："质疑总能战胜焦虑"，一直到我平静下来。我们的焦虑是自己造成的，是我们先入为主的观念对我们的限制，这条"魔咒"能帮我重新找回平静。研究表明，这个"魔咒"可以减少大脑中的自我批判活动。当我们感到焦虑时，减少自我批评正是我们需要的。

2.命名情绪，化解情绪

接着，我会拿出一张纸，把我所有的焦虑都写下来。"写"这个动作可以理清我们的思路。混乱的思绪在我的大脑里上蹿下跳，嘈杂、凌乱又不可捉摸，通过承认自己当下的感受，就能把不适感"拟人化”了，这样就让我和不适感拉开了距离，看清我到底在和谁交锋。就像丹尼尔·西格尔博士所说的那样，“命名情绪，化解情绪”。神经科学研究表明，这种方式可以立刻减轻焦虑感。比如，当想到我最大的梦想时，我会胸口发紧、呼吸加速，一堆思绪在我的脑海中浮现，比如“我搞砸了怎么办”，“我真的有能力做这件事吗”。

3. 用“晨记法”预防焦虑

作为一种预防措施，每天早晨起床，我都会用朱莉娅·卡梅伦称之为“晨记法”的方式开启新的一天。在过去的十年间，我一直保持着这个习惯。“晨记法”就是在早晨抽出 20 分钟的时间，在日记本上进行 3 页的意识流写作。这是一个安全空间，让你表达所有的担忧、疑虑和恐惧，把它们从内心的噪声转移到一张纸上，以此拉开你和焦虑之间的距离感，命名你所感知到的一切。这有助于你顺其自然、信任自己，哪怕是最困扰你的问题，答案也会自然而然地呈现。

抗焦虑日记

设一个 10 ~ 20 分钟的闹钟，试一试“晨记法”。在一页纸的最上面写上“现在我感到……”然后让文字随思路自然而然地倾泻而出。

4. 安排时间，倾听焦虑

焦虑很大程度来自我们对焦虑本身的抵制。允许自己感受焦虑，反而能让我们战胜它。刻意留出一些时间，倾听焦虑的声音，问自己一些问题，观察它背后究竟藏着什么。比如：哪里出错了？我偏离了轨道吗？我在逃避什么对话？我在逃避怎样的感受？我应该关注什么？我的焦虑想让我知道什么？

5. 把焦虑变成燃料

将你的感受变成下一次创作的源泉吧。因为一段感情而伤心欲绝？写一首关于它的诗；对世界感到愤怒？举办一场晚宴，讨论这个问题，创建行动计划；对你现在手头的任务不知所措？把你的感受用绘画形式表现出来吧。情绪的力量无穷大，你要学会使用它，让它成为你的燃料。行动之前，你可以先问自己："我该怎样利用能量，创造出有价值的东西？"

调整生活是一个过程，它不会在一夜之间完成。当你发现什么是对你有作用的，什么是没有作用的，你便会相应地前进和后退。这是一个实验，需要经过试错、倾听、引导和调整这四个过程。在调整的过程中，你要善待自己。你会发现自己的不足，也会找到最适合自己的方式。

请记住：焦虑是一个想要帮你找到方向的使者。直面而非逃避，你要和它合作，把它变成你下一个作品的燃料，你将不再焦虑。

抗焦虑练习

如果我的焦虑是一个信号，它告诉我有些事情出了问题，其实它真正想说的是：

焦虑是你的朋友，不是你的敌人

㉒遇见“沮丧”——
“事情没有按照我的计划发展，真让人郁闷！”

这段感情崩溃了。

这个想法没有实现。

这个提议被否定了。

你站在演讲台上，却忘记了你的演讲词。

你的生意失败了。

你损失了一大笔钱。

当事情没有按照我们预想或希望的那样发展时，我们倾向于不承认它的发生，我们想要快速翻篇，重新开始。我们可能更倾向于尽快获得“胜利”，这样就可以暂时提升信心。当我们总在不断寻找下一个目标时，我们就错过了对失败的反思，错过了获得重要的成长机会。当我们认为，我们正在大步向前走、取得进步时，那些我们绝口不提的伤疤反而会阻挡我们的创造力，扼杀我们和他人的关系，造成永久性的伤痛。

当我和一位作家共同创作一个项目的时候，我亲身体会到了这一点，这也是我们两个人都很在乎的项目。

当我们决定合作之后，她飞到了纽约，我们在我的阁楼里一起想方案。一个周末的时间，我们几乎在每一块地板上都铺上了笔记卡片，我们把这本书的大纲完成了，还写了第一稿。此时，我本该感到兴奋，但我的脑海中突然出现了质疑的声音——我怀疑自己的声音是否有人愿意倾听，我自己是否真的有价值，我是否具有完成这个项目的能力。这让我突然动弹不得，我无法再全然地投入项目中了。结果，她后来把她的想法付诸了实践——她出版了。她做到了，因为最终这本书反响强烈，成了畅销书。

但随后出现了一些我意料之外的事。我告诉自己，这没有什么大不了的，她实现了梦想，把想法变成现实，我也为她高兴。但我发现，我突然无法写作了。我越是和自己说“没什么大不了”，表现出这件事对我毫无影响，它对我的影响就越大。我越是努力在下一个项目中获得成功，越是感到内心的空虚。

在我们处理任何类型的失败或损失时，我们可能会在理论上认为自己可以快速翻篇，但实际上，这里所触及的是旧伤。比如，一段感情的结束，可能会唤起父亲离开我去远方（或永远离开）的伤痛；一个创意项目的流产，可能会引起我刻意回避做艺术类项目时的痛苦；当资金短缺时，我可能会感受到父母当年为了家里经济问题而争吵时的压力。如果我们不承认自己的伤痛，我们将一遍又一遍地遇到相同的问题。失败让我们在内心告诉自己：“我受伤了，我现在感到有点儿痛，请用更多的善意和耐心对待我。请抱住我，爱我，注意到我。”我们的社会要求我们快速地处理好伤痛，然后快速地回到快乐的状态。但是，学会停下来和悲伤共处很重要。因为在共处的过程中，我们会创造出一个空间去面对痛苦和后悔，这样才能抚平伤口。只有当我感到悲伤和失望的时候，我才能打开新的一页，开始撰写自己的新书。

抗焦虑日记

当你不允许自己悲伤时，你失去了什么？你为什么要躲避悲伤？

因此，当你经历挫败时（每个人都会经历挫败），我希望你可以记住：

悲伤、痛苦和心碎都有自己的时间表，它们需要时间来抚平。

当我们尽可能地快速向前推进时，当我们试图快速恢复积极的情绪时，只会造成更多痛苦和忍耐。我们的目的不是逃避感受，让自己麻木，而是学会倾听内心。

你要允许自己感到糟糕，允许自己难过，允许自己被悲伤包围，不要试图压抑你的感受，要学着接纳它们，允许它们影响你，而你需要彻底且全面地用心体会你的感受、你的悲伤和痛苦，找到情绪的源头。当你找到情绪开始的起因时，你会对过去的痛苦产生爱与同情，你会和内心的伤痛产生联结。接着，你可以对你的情绪说：“我在这里，我和你在一起。没关系，我们一起承担。”

爱你的人会对你说，“往前走”、“战胜自己”或“快乐起来”，但听到这些话时，你未必已经准备好了。（我之所以知道这一点，是因为我也曾对别人说过同样的话。）任何催促你“快速恢复”的人，他自己可能也无法处理内心的不适感和痛苦，他自己也拥有未解决的情绪、无法抚平的悲伤和被遗弃的痛苦。现在，你应该选择那些可以给你拥抱，爱你、懂得你的感受的人，他们会告诉你，在痛苦中隐藏着指引你前进的明灯。

最重要的是，你要用心去感受失败的痛苦。当你这么做的时候，也只有那个时候，你才会问自己这两个问题：我从这次失败中获得了什么？下一步，它又会把我指引到哪里？

当你允许自己感受悲伤，你会发现，悲伤成了你强大的创造力，它能够影响你，并推动你继续前行。

抗焦虑练习

我曾经经历过哪些挫败，并且不曾允许自己为此悲伤：

我避免让自己为此悲伤的原因是：

允许自己去感受内心、感到悲伤，我需要：

让自己去感受，彻彻底底地感受

㉓遇见“上瘾”——
“只有药物/酒精/上网/游戏……才能让我快乐。”

药物上瘾症曾几乎让我送命，但这件事我不曾向任何人提起。

从外表看起来，我的大学生活似乎很完美：在学业上我很优秀，我还有一段令人羡慕的感情；我很苗条，在大多数人眼里，我的经历相当有魅力；我去苹果公司实习，这份工作还让我登上了学校杂志的头版。我对未来充满了希望，大多数人也觉得我的前途一片光明。

可是，这些光鲜的背后却有着不为人知的秘密。有一次，在阿德拉药片的作用下，我心跳加速，光着身子倒在地板上，不受控制地浑身颤抖。

一直到大学毕业，我依然对阿德拉药片上瘾。在人生的最低谷，我甚至从一个患有多动症的孩子那里偷了药，还伪造了医生的处方。

为什么那么多人面对上瘾症，即使无能为力，也从不寻求帮助？

我的故事是这样的

在我父亲发生意外的很多年后，我母亲再婚了。一开始，我和继父的关系非常和谐，但后来我们之间又冷如坚冰。这一切让我试图控制生活中的每件事，包括我的成绩、我的身材、我的人际关系。

我会和男朋友吃完一整张比萨，再吃泻药排泄出去；当泻药失效之后，我就会禁食。那时，我整日只靠无糖的红牛饮料和生菜过活。噢，当然还有酒精，很多酒精。

大一时，我白天学习，晚上便整夜喝酒。大吃大喝之后，又会以吃一粒泻药终结。在我放假回家时，母亲看到我瘦骨嶙峋的样子，大吃一惊。我对她说，这是因为我在健身。

这样的生活让我疲惫不堪。一天晚上，一位朋友递给我一颗药片。“这是什么？”我问道。“阿德拉。”她回答。粉红色的药丸让我发生了翻天覆地的变化。药起作用时，我会感到一阵狂喜涌上心头，所有的恐惧全部都消失了。我可以和所有人谈笑风生，也不在乎其他人怎么看我。我的胃口也变小了。我会在舞池里疯狂摇摆，仿佛置身于世界之巅。

一周之后，我去看精神科医生，我说自己“无法集中注意力”，我伪装出诊断多动症所需要的“症状”。30 分钟后，我花了 300 美元买到了阿德拉。就这样，阿德拉成了我的秘密武器，我利用它消除我的不安全感，填补内心的空虚，让我感到虚假的自我满足和自我价值。

但短暂的快乐背后换来的却是许多个不眠之夜，我总是心跳加速，再也无法感受到真正的情绪。每吞下一片药，我的心上就多了一道伤痕：“我又一次伤害了自己。”我的认知和判断力被蒙上了一层阴影，但我却说服自己，阿德拉让我的生活更加美好了。事实上，我的生活变成了人间炼狱。

在我伪造阿德拉处方被药店发现后，我终于从炼狱里“解脱”了。药店的工作人员没有报警，而是直接给我以前的医生打了电话。医生说他会打电话通报这件事，让警察联系我，但不知道出于什么原因，我并没有接到警察的电话。

但对那个电话的恐惧，让我仿佛置身监狱一般难熬。讽刺的是，一直以来，我早就把自己关在了牢笼之中。阿德拉是我的依靠，它允许我掩饰自己的不安全感，而不是直面它。我不只是对阿德拉上瘾，真正让我上瘾的是，阿德拉让我感受到的人与人之间的虚假的联结与爱。当我吞下阿德拉的时候，我其实是在寻找这种感觉。

英国记者约翰·哈里在他广受欢迎的TED演讲《你对上瘾的所有认知都是错的》里说，上瘾的反面不是清醒，而是联结。我完全赞同。只有通过培养真正的联结，接受自己所有的缺点和不足，并且与让我感到安全的人分享我的痛苦时，我才能真正从上瘾和绝望的洞穴中爬出来。

当我面对自己时，我无须再躲避真实的自己，我无须再逃避真实的生活。我尊重我的创造力和才华，我学会了把内心的焦虑视为燃料，视为创造的源泉，视为写作的素材和我内心的召唤。

上瘾是逃避的方式

对一些人来说，上瘾是为了逃避，为了获得内心的平和与快乐。对另一些人来说，上瘾是因为我们感受到了自己真正的潜力和希望。

有些人事业成功、感情稳定，职业生涯如日中天，他们认为自己正在追随内心的目标，按照自己希望的方式生活。但这时，他们也可能会用上瘾的方式进行自我摧毁。

你的目标是什么？你最在乎的是什么？你害怕承认的是什么？

问问自己这几个问题：酒精是否能帮助你放松？糖和垃圾食品是否扰乱了你的思路？你是否让自己忙得不可开交，把日程排得满满当当，因为你把工作和自我价值混为一谈？你现在拥有的感情，是你想要的吗？当你想逃避工作时，你会转向混乱的性行为吗？你内心的批判者在喋喋不休吗？你在无所事事地刷朋友圈吗？

我们的自由和快乐来源于相信自己的直觉和才华。但有时你并不允许自己去感受，你会麻痹自己，收起锋芒，让自己变得不起眼，因为这样比勇敢挖掘自己的潜力要简单得多。

当你不再麻痹自己，而是用心感受生活时，你就战胜了上瘾症。你会觉察到行动和欲望的不一致，你会开始相信自己的才华，不再靠上瘾解决问题。你也会看清上瘾的真相——不过是一种逃避自我的策略。转向自己，接纳自己，善待自己，原谅自己。你要学会用真实的情感作为行动的燃料，而不是否认自己内心的不适。你要学会对羞耻感释怀，说出自己的感受。

抗焦虑日记

请诚实地回答下面这些问题。有哪些坏习惯对你的创造力和力量造成了阻碍？你如何麻痹自己？结果是什么？你打算怎么办？

把感受说出来

关于要不要把这个章节放进这本书里，我挣扎了很久。我对着镜子里的自己说："我曾经对阿德拉上瘾。"我害怕它会改变你们对我的看法。我询问了法尔哈德几十次，问他是否确定这个章节和这本书的整体风格一致。我差一点儿去喝了第三杯葡萄酒。我差一点儿就把整个章节删除了。但在交稿的最后一分钟，我又把它加了进去。

找个借口不去分享这个故事，其实折射出了一个让我无法忽视的真相：对于上瘾的经历保持沉默，会导致我们陷于困境。

许多人都曾受到上瘾的折磨，无论是你还是和你亲近的人，我们都选择把它埋藏在心底，因为我们对此感到羞愧。而当我们感到羞愧时，就更加难以启齿，更难面对自己了。

在经历了上瘾症的人间炼狱之后，我想在这里告诉你：你不必感到羞愧，我们之所以选择上瘾，是因为我们找不到其他方式来应对我们内心的恐惧。保持沉默只会增加你的痛苦。先承认自己的问题，然后寻求帮助，这才是真正的勇气。

上瘾症不会杀死你，但对此保持沉默则会置你于死地。

我遇到过很多人，他们在人生的某个阶段都曾因上瘾症而苦苦挣扎。我可以说：他们是我所认识的最具创造力、最感性、最有才华的人。他们因为不知道如何正确施展自己的才华，转而选择收起了自己的光芒。

现在就做出改变吧，你渴望的是寻求表达的出口。

从现在开始，面对你的阻碍，面对自己。现在就行动吧！

抗焦虑练习

请诚实地回答下面的问题：

是否有一些坏习惯阻止了我发挥我的天赋，这些习惯是：

它所造成的影响是：

为了成长和发展，我会：

相信你的天赋

㉔遇见“完美主义”——
“我绝不能犯错，我一定要做到事事完美！”

完美主义把生活和创作中的快乐都带走了，这是自我毁灭的极致。

从本质上来说，完美主义来自这样的基本信念：“我不够好（不够瘦、不够聪明、不够富有、不够成功，或不够_____），我需要更加努力成为一个完美的人。”

完美主义的思想为我们套上了限制的枷锁，使我们无法实现目标。完美主义者认为，只有自己在自己别人的眼中达到完美的时候，他们才是值得被接纳和被爱的。在完美主义的原则下，完美主义者的目标成了“永远掩盖他们的缺点”或“永远不犯错”。因为一旦失败了，他们就认为自己失去了价值。

我完全了解完美主义的局限性。当善意的老师、家庭成员和陌生人夸我“漂亮”、“优秀”时，我的完美主义思想便开始滋生了。这让我相信，“漂亮”和“优秀”意味着我值得被爱。

青少年时的我相信，如果我“看上去完美”，我便可以在生活的混乱中创造和平和稳定。我用杂志和媒体作为标杆，构建我理想中应该或不应该成为的那个人，这进一步打乱了我的自我意识。

于是，我列出长长的目标清单：“4.0 的GPA（成绩），进入优秀学生榜单，限制饮食，总是很瘦，被所有人喜欢，拥有完美的爱情，进入最好的大学，让每个人都快乐，永远积极向上”。接下来，仿佛这个清单还不够长，我还要更加努力，获得更多成就，永远保持优雅，永远不能停下来让自己喘口气。我不懈地努力，终于让我在事业上有所成就。我把这些成就像荣誉徽章一样自豪地佩戴在身上，我要向其他人证明，我有足够的能力。

事实上，我生活在自我批判的怪圈中。我认为自己每犯一次错，都证明了我没有价值。每一个时刻，我都在为自己的价值计分：得一分，再得一分，又得一分。而每当我没有达到目标时，我都会记下，“不值得被爱”。这让我失控，让我拼命地想控制我周围的一切。我很害怕被人看清我的真实面目——尽管一个真实的人既有优点也会有缺点。我很担心如果我不够完美，就没有人会爱我。

布琳·布朗博士说，这种认知怪圈的背后是这样一种思想：“如果我看起来很完美，生活也很完美，做所有的事都很完美，我就可以不再羞耻，别人也不会再对我进行批判和责备。”这样的思维怪圈对我们有毁灭性的影响，因为“我们不可避免地会感到羞愧，也无法避开所有批判和责备，我们常常相信这都是因为我们做得不够好，却不去质疑完美主义的逻辑错误。完美主义只会更根深蒂固，促使我们的生活、外表和所做的每一件事都达到完美”。

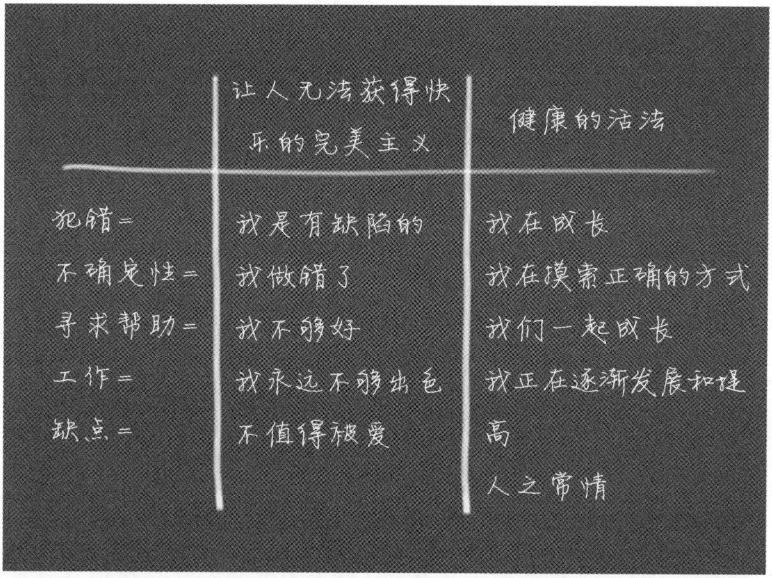

	让人无法获得快乐的完美主义	健康的活法
犯错=	我是有缺陷的	我在成长
不确定性=	我做错了	我在摸索正确的方式
寻求帮助=	我不够好	我们一起成长
工作=	我永远不够出色	我正在逐渐发展和提高
缺点=	不值得被爱	人之常情

当年我在不断“追赶和追求自我价值”时，我和我的前男友有过一段难忘的对话。当时我们才刚刚约会了几周，正经历“每一分钟都想和你腻在一起”的阶段。一天下午，他第一次来到我家，我很紧张——于是我把我取得的成绩证明都展现在他面前，甚至拿出了我的“成就文件夹”。我开始把杂志上的剪报在床上铺开。正在这时，他突然阻止了我。

“我真的想了解你的生活，”他说着，把手放在了我的肩膀上，“但你不需要把你所有的成绩单都展示出来，我不需要用这些理由爱你，明白吗？你不需要是完美的，你内心的纠结和冲突同样有趣。”

我清楚地记得那一刻，我靠在床上，手里拿着红色的文件夹，沉浸在他看我的眼神中。在那一刻，他触动了我灵魂最深处和最黑暗的恐惧，他举起了一面镜子，让我看到了真实的自己。他仿佛揪出了我埋藏的最深的不安全感，把满手的战利品给我看——那是我无法直视的内心。我感到很羞愧。原来，我一直以为，只有完美才值得被爱，但他的话拨动了我的心弦，触及了我无法否定的真相。我甚至想马上逃离，或立刻结束我们的感情。但事实上，我又一次僵在那里动弹不得。多年以来，我因为爱而做出的所有伪装，在我的眼前就像电影一样闪现，我的不懈努力，我那些没有必要忍受的痛苦，我对他人认可的渴求，这些回忆都如潮水般向我涌来。只因为一个男人站在我面前说，他是因为我本身而爱我，而不是因为我所认为的完美。他爱的是我。

我惊呆了。

“你不用为了我而完美。”

我不用为了他而完美。这个事实让我有些害怕。我可以在他面前做真实的自己，暴露曾经的伤疤、我的犹豫和混乱，而他也愿意接纳和包容我的缺点。我是否值得被爱，这一点和我的成功或失败无关，而是完全由我的内在决定。

这些话同样适合你。

请大胆地追求你的梦想，成为最好的自己。请拥有敢于失败的勇气，尽情地展示真实的自己，展示你的焦虑，让它成为你的一部分，让它滋养你，让它们成为你创作的燃料。你的缺点并不代表你有缺陷，它只是证明了你是一个有血有肉的人。

你内心的纠结和冲突同样有趣。

以前，我无法接受自己的缺点。有一天，我和这位男友参加了一个艺术展。那时，他已经深入到了我灵魂深处，看到并接受了我的缺点。在艺术展上，一件艺术品像磁铁一样吸引着我。那是一件陶器作品，它被摔成一片片，又被用金漆一片片粘在了一起。我的手指沿着它凹凸不平的轮廓、锋利的边缘抚摸着，我被这件艺术品的独特美感所吸引——它没有隐藏裂缝，也没有隐藏它被摔成碎片的过去。因为包容了不完美，它成了一件独一无二的艺术品，不完美让它更加独特。

后来我了解到，那件陶瓷作品的灵感来自日本传统工艺金缮（kintsugi）。这个创作过程纪念了物件破碎和修复的历史，这是值得尊重和崇敬的历史。你也不需要伪装和隐藏，就像我们的人生一样。

虽然人生中有很多境遇会让我们心碎、崩溃，但当我们转向内在的脆弱，用开放的心态，用爱和同情去接纳它，我们的人生就会成为一件前所未有的独特艺术品。

我们的目标并不是把这些缺陷隐藏起来或恢复到完美无瑕的状态，我们要尊重它，用平和的心态去接纳我们的“裂缝”。只有这样，我们才能感受到自己是“足够优秀”的。

让我来问问你：到现在为止，你如何定义你是否“足够优秀”？它是体现在体重秤上的数字？银行里的存款金额？你在社交媒体上的粉丝数量？你获得了很多人的认可和尊重？你完成了心愿清单上的每一个任务？

这就是我走了很多弯路才懂得的道理：这些事不会让你“足够优秀”，它们只会推着你不断追逐下一个目标，周而复始、马不停蹄，永远看不到终点。当你完成了一个目标，你会想：“这不是我想要的感觉，我想要的是快乐和满足，但我却感到非常空虚、无精打采、筋疲力尽。我感到羞愧，因为我投入了这么多时间和精力才达到这些目标，但现在却感到……都是一场空。”

当我无法承认和包容内心的感受时，我并没有质疑“完美”和“优秀”的定义，而是不停地追寻，不停地奔跑。我就像一只仓鼠，在仓鼠轮上匆匆忙忙地奔走。我用更多的任务填补自己“不够优秀”的空缺，想把每件事都做到完美。整个过程中，我无法看清本该看清的真相：**我早就足够优秀了。我们生来就有感到“足够优秀”的权利。我们一直都足够优秀，永远都足够优秀。**

“足够优秀”的标签就像一个朋友，等待着你的信任，等待着你从不断的盲目追逐中停下来，然后开始思考：“如果我相信我足够优秀，会发生什么？什么会发生改变？我该做什么？我该如何表达自己？我该去哪里？如果我接纳一切纠结和混乱，我会成为怎样的人？”

你足够优秀。在最黑暗的时候，让这5个字成为你内心的光亮：

你，

足够，

优秀。

抗焦虑练习

过去我对“足够优秀”的定义（让我痛苦不堪）：	如今我对“足够优秀”的全新定义（让我活力满满）：

你的人生，由你定义

第三部分

整合

◎遇见“智慧”——
“我会接纳并且拥抱所有的情绪。”

到目前为止，我们已经为“质疑”做出了很好的解释：我们用勇气、好奇心和同情心指引我们战胜焦虑，成为我们真正想成为的人，并且用自己特有的方式为世界做出贡献。我们将学会尊重自己的情绪，善待自己，让质疑而非焦虑引导生活，这时，我们便遇见了智慧。

“智慧”是我们的一部分，它让我们看到“质疑”的宏伟计划的价值，让我们更加小心“焦虑”背后的意义。“智慧”并不会因为“焦虑”的出现就陷入恐慌，它擅长倾听“焦虑”的真实声音，同时，它也懂得接受“质疑”背后的好奇心。“智慧”知道，事情本没有对错或好坏之分，每一件事都有对错以及好坏的两面性。我们需要尊重所有的对立和矛盾。如果我们一味地焦虑，不去看它所包含的质疑，我们就看不到希望；如果我们只看到质疑，却没有看到焦虑，那么我们就会冲动行事、反应过激、过度投入。这就是“智慧”的意义。当我们用“智慧”去面对每一件事时，“焦虑”和“质疑”便会互相尊重，它们成了盟友，携手并进，让我们更好地追随内心。这就是整合。

当我们张开双臂，拥抱恐惧、难过、悲伤、羞愧、快乐、心碎、脆弱和对自己价值的否认时，每一种感情在我们的心中都占有一席之地，这就是整合。我们向内心的每一种曾经否定、压抑和放弃的感受发出邀请——我们并非要“修复它们”、“使它变好”或“克服它们”，而是要承认它们的存在，包容它们，接纳它们本来的样子，爱它们。因为这些情绪是我们的一部分。当我们这样做的时候，我们便触摸到了创造力、联结、活力和流动的源泉。这时，我们才能尽可能发挥最大的潜能，获得最紧密的联结，体验到最深刻的经历。这时，我们便回归了内心的宁静。

◎遇见“完整的自己”——
“我回家了。”

在父亲去世很多年后（那时我已经快30岁了），一天，我找到了他在我婴儿时期写给我的一封信。我当时在和母亲一起整理过去的物件，找到了不少“宝藏”，还有一本我小时候的纪念册。这本册子里记录着母亲和我经历的趣事，比如小时候的我不愿意穿衣服，我人生中说的第一个词是“大大”——母亲显然对此很不满意，因为她在“大大”的旁边标注了“哼！”。

看到这些，我们笑得前仰后合，连眼泪都流出来了。突然，我看到了父亲写的一封信。那一瞬间，一种言语无法形容的复杂情绪涌上我的心头。当看到那干净的纸上他潦草的笔记时，我又开心又心痛，我仿佛回到了他写下这些话语的时刻，仿佛触摸到了他的灵魂。

我认真地看完了他写的每一句话，分析了他写的每一个句子，他用的每一个词。我多么希望可以在字里行间拼出一个完整的父亲。我读着他给我的建议：“我希望你活出真实的自己，而不是别人期待中的样子。”我浑身颤抖，虽然他没见到现在的我，但我感觉他就像认识我一样。他说：“不管发生什么事，我会永远爱你。”我觉得，在他写下这封信时，他可能就知道未来的某一天，当我看到这些文字时，他已经不在了。

读了很多遍这封信后，我捧着它，把它紧紧贴在心口上，就好像我第一次和最后一次拥抱父亲一样。这是我拥有的唯一一件和他有关的物件，这是他唯一一次展现他是谁，以及他希望我成为什么样的人。在我的青少年时期，我常想象他的样子，他可能会教我的事，他会如何和我的男朋友聊天，他会在我的婚礼上说些什么。现在，我把他的一部分人生握在手心，我也握住了我的一部分人生。

当我把这封信紧紧贴在心口上，我突然意识到，在成长的过程中，因为没有父亲的陪伴，我一直在寻找着什么去填补他的空缺。我试图用成就、酗酒、爱和男人的肯定来填补内心的空缺。我以为这么做，这个空缺就会消失，但它并没有消失，反而越来越大。

我经历了许多痛苦才了解到，任何外界的事物或人都无法用来填补内心的缺失。无论我和谁恋爱，无论我的外表和我在别人眼中是什么样子，无论我吃了什么处方药，无论我是否成功，无论我看没看这封信，这些都对我内心的缺失于事无补。我多么希望有一条捷径，可以感受到父亲对我无条件的爱，但这条捷径根本不存在。于是，我不得不接受一个心碎的事实：我永远都找不到我的父亲，永远无法填补他在我生命中留下的空缺。只有接受了这个事实，我才能找到内心宁静的家园。

因为父亲的缺席而造成的空缺是我人生的一部分，我不能否认它，而是要接受它。我应该直视我的缺失，然后说："谢谢你，我的缺失。谢谢你带给我的困惑、痛苦和内心深处的洞穴。谢谢你，我内心的洞穴，感谢你让我从外界寻找爱与肯定，感谢你成为我的一部分，感谢你教导我，使我成长，让我意识到外面的世界并没有父亲，父亲永远在我的心里；爱也不在外面的世界，爱在我的心里。”

当我在与别人相处时，我终于不再通过“他是否爱我和肯定我”的镜头来看待我们的关系了，而是换成了“我是否爱和肯定自己”。于是，我学会了从那个旧的洞穴中爬出来。当我爬出来的时候，我就找到了我一直苦苦追寻的目标：完整的我。

当我完整地接受了自己，我便不再否认、试图调整或改变我的缺点。只有接纳自己的内心，并且说：“我看到你了，我感受到你了，被遗弃的小女孩！我看到你了，内心的野孩子！我看到你了，你的羞愧，你认为自己不值得被爱，你瑟瑟发抖！我看到你了，你无法发声！我看到你了，你无法获得的爱！我看到你了，我爱你，我接受你，你是我的一部分，你永远都是，我永远欢迎你。谢谢你的存在，谢谢你的教导，我会带你回家。”

我内心所有的碎片在这一刻被拼接在了一起，这就是我回归内心宁静的方式。这也是你回家的方式。

◎现在，开始启程

当你完全地接受自己时，表达的欲望便自然而然出现了。

当你接纳内心的混乱时，混乱便成了你的信号。

当你倾听指引你的线索时，你想要创造的作品就出现了。

当你分享你的才华时，以前并不存在的大门就敞开了。

当你越来越接近真实的自己，你就会意识到，每一刻、每一次对话、每一条走不通的路、每一次惊喜，都是一条线索，都是指引，都是信号。外在的世界照亮了我们内心的真相。

如果我们看到了这些真相，把它们拼在一起，就是我们创造的佳作，它可能是一幅只有我们自己可以完成的画作，一个只有我们自己能写出来的故事，一段只有我们自己才能走完的旅程，一个永远都欢迎我们、供我们休憩、分享才华的家。

就在这一刻，让我们做出承诺——活出最真实的人生。拥抱你的所有，为下一步做出正确的决定。你可以意识到“焦虑”的存在，但应选择比“焦虑”多1%的“质疑”。认识到你的价值，不管下一秒会发生什么，做好准备，因为你想要的人生已经开始了。

承诺书：活出最精彩的人生

我，______________，致力于选择“质疑”而非“焦虑”主导的生活。我承诺活出真我，哪怕我感到恐惧——尤其是当我感到恐惧的时候。

我有强烈的好奇心，我愿意用一生去发现、追寻和表达。而在接下来的 30 天里，我打算全身心投入______________。

采取以下 3 个行动，在 30 天结束时，我会感到生机勃勃，我会感到成功和快乐。

认识到这些之后，我最重要的 3 个行动是：

1.

2.

3.

我理解和尊重自己的需求（所以我不会让自己筋疲力尽），并且我承诺用____（行动）照顾自己，善待自己。当事情变得艰难时，当焦虑让我动弹不得时，我会向____寻求支持。

让我们开始吧。我愿意全心全意地付出。

____

日期　　　　　　　　　　　　签名

结束

结束是另一个开始。结束是另一个开始。结束是另一个开始。结束是另一个开始。结束是另一个开始。结束是另一个……

过去，我常常感到好奇，当我写的书即将完成的时候，当我写到最后一页的时候，我会做何感想。结果，我发现我的第一个反应是：“我不知道这本书是不是足够好。”

接着，我开始放声大笑，我从椅子上摔了下来，笑得眼泪都流了出来。我之所以大笑，是因为我期待在写到最后一页的时候，我会拥有如烟花般绽放的觉悟和全新的认知；我放声大笑，因为在一切的不完美之中，这可能是最完美的结局了。

我们创作，但我们依然质疑作品的质量。

我们全心全意地投入，但依然质疑自己做得不够好。

我们不去想别人对作品的评价，我们只关注自己的感受是否真实。

我们学会更好地提问，我们扩大调研的范围。

我们把作品丢进全世界的作品中，我们放弃对结果的迷恋。（或者说，至少我在尝试这么做。）

我们创作更多的作品，循环往复，让我们越来越深入地了解自己内心的真相。

我们如舞蹈一般尽情地表达自我，奉献自己的力量。这个过程让我们恐惧又振奋，因为这个舞池包含着未知的黑暗和光明，它既混乱又宽敞，它是一个矛盾的共存体。而我们会为矛盾留出空间，也会为真实的自己和才华留出空间。

笑完之后，我从地板上爬起来，心想：“噢，焦虑，谢谢你的鼓励。”随后我又想：“质疑？！你在那儿吗？！（请不要丢下我！）”

我在巴厘岛的别墅里，环视四周，把每一种颜色和细节尽收眼底，就像拍照一样，我想把这一切都记录在脑海里。那一刻，我的内心充满了感恩和喜悦之情。那一刻，正在播放的音乐切换了，英国哲学家阿兰·瓦兹的声音在音响里出现。我突然觉得，我或许真的看到了觉悟的烟花。

瓦兹这样说道：

如果你从幻念中醒来，
认识到黑色意味着白色，
自我代表着他人，
生命意味着死亡，
你可以感受自己的存在。

你不是世界上的一个过客。
你在这里并非短暂停留。
你并不是侥幸才来到这个世界上的。
你应该感受到，你的存在是绝对的必然。

你的本质，
最深，最下面，
最远，最里层，
只是最简单的生物结构。

假设每一个晚上，

你都能做任何你想做的梦。
假设你有能力，
做一个在一夜之间跨越 75 年的梦。

你会自然而然地，
开启梦想的冒险之旅，
实现所有的愿望，
获得各样的愉悦。

在做了几个晚上跨越 75 年的梦，
感受了它给你带来的快乐之后，
你说："这感觉太棒了。"

现在，让我们经历另一个惊喜。
让我们的梦不再受控制，
我们不知道会发生什么，
也不知道我们会去往哪里。
你将要去探索。
然后，等你从梦中醒来，说：
"这也太惊险了，不是吗？"

于是你会越来越具有冒险精神，
你的梦中会出现越来越多的险境。

最终，你会梦到——
现在的一切。

最终，你会梦到现在的一切。

现在，你拥有急于渴望表达的能量、才华和活力，因为你是你，你是独一无二的，所以你的表达也是唯一的，只有你可以做到，并且它等待着被表达出来。

剩下的唯一的问题是：你会让它表达出来吗？

我希望你说“是的”，我希望你选择“质疑”。

致谢

致我的经纪人萨拉·帕斯克，感谢你，你总能透彻地理解我，明白我想表达的意思，感谢你不辞劳苦日日夜夜地发信息给我，并且每一天你都在做自己，那个锋芒毕露的自己。谢谢塞莱斯特·法恩和安娜·派特科维奇，以及迪特林罗德文学版权代理公司整个团队，你们让我非常佩服。

致我的编辑艾丽西亚·克兰西和汉娜·布拉滕，与你们一起工作非常愉快，是我的荣幸，你们对此付出的时间和精力让我感到吃惊和佩服。感谢凯伦·马斯尼卡，DJ·戴斯米特，斯黛茜·伯特，萨拉·古德曼，安·玛丽·陶伯格，安娜·罗格威，奥莉娅·奇瑞里宇科。

感谢“质疑之队”——科莉·泰鲁姆和托尼·加卢波。

感谢KC·贝克，是你帮我发现了这个构思，并将它实现。我的感激无以言表。

感谢伊丽莎白·吉尔伯特、艾丽·卢娜、苏西·赫里克和安德鲁·亨佑，在你们的帮助下，我才得以把全部精力放在这本书上。

我还要感谢我的众多缪斯们，你们的指导和支持对我来说太重要了。劳拉·格里菲斯，马霍·莫尔菲诺，阿祖罗·马林，卡米亚·贝塞拉，昆都士 · 菲利普，莉斯 · 普利森，艾诗 · 斯宾塞，科琳 · 沃特森，凯特 · 琼斯，吉娜 · 高丽雅，托比亚斯 · 罗斯 · 斯托克维尔，莉斯 · 弗洛，迈克尔 · 立普森，艾米特 · 古普塔，德鲁 · 普罗希特，塞斯 · 高汀，萨姆 · 霍恩，纳桑尼尔 · 柯洛克，“微笑的”亚当 · 保施沃尔斯基，鲍德温 · 坎宁安，泰利 · 凯丽，莉斯 · 布朗，米莎 · 海曼，万达 · 巴德沃尔，艾丽 · 马勒，莎伦 · 杰莫尔 · 桑斯特，克里斯汀 · 赖，杰森 · 阿奈罗，查德 · 迈克尔 · 斯奈弗里，阿娜西塔 · 马利基，斯图 · 艾弗森，瓦莱利 · 比伯拉杰，尼莎 · 穆德利，乔西 · 多雷，马特 · 多雷，泰拉 · 海耶斯，迈克尔 · 雷德巴尔瓦，大卫 · 雷德巴尔瓦，安东尼奥 · 内维斯，亚莉克希亚 · 斌贝克，维奇 · 洛克斯，萨拉 · 贝克，阿什 · 安伯格，詹姆斯 · 吴，麦兰德 · 莫兰，玛莎 · 马尔特莎娃，德夫 · 奥吉拉，约翰 · 迈克尔 · 派克，金姆 · 范，菲比 · 拉派恩，洁德 · 泰勒，玛瑞莎 · 安德拉达，马修 · 翠娜提，史黛西 · 伦敦，邵娜 · 梅，迪帕克 · 乔普拉，刘易斯 · 豪斯，亚当 · 罗宾逊，布里尼 · 克尔，西瓦 · 柯曼尼，米琪 · 阿格拉沃尔，拉达 · 阿格拉沃尔，伊莱 · 克拉克 · 戴维斯。

感谢这个世界上每天都在激励我的女性——谢丽尔 · 斯特拉德，布琳 · 布朗，朱莉娅 · 卡梅伦，拜伦 · 凯蒂，奥普拉 · 温弗瑞，艾丝尔 · 佩雷尔，伊丽莎白 · 吉尔伯特。

感谢我的“质疑”社区和粉丝们，谢谢你们的勇敢，谢谢你们选择质疑的勇气，选择勇敢地说出内心的真相。没有你们，就没有这本书。

感谢我的家人，我深深地爱着你们。

感谢我的父亲，谢谢你点燃我内心的火，没有恐惧可以将它熄灭。

感谢母亲，你从我出生那天开始就无条件地支持着我。谢谢你相信我，不论什么时候，无论我的梦想如何不切实际，你都会对我说："加油，宝贝，加油。"

感谢法尔哈德，你是我的一生挚爱。我很幸运能与你相伴一生。

这本书写于纽约布鲁克林，在我称为"仙境"的阁楼里，以及巴厘岛的稻田和丛林里；编辑于从日内瓦开往巴黎的火车上，和从旧金山国际机场飞往肯尼迪国际机场的飞机上；最终手稿完成于加利福尼亚。

每一天都有 1440 分钟，让我们充分享受吧。